- 本書のサポート情報を当社 Web サイトに掲載する場合があります．下記の URL にアクセスし，サポートの案内をご覧ください．

  http://www.morikita.co.jp/support/

- 本書の内容に関するご質問は，森北出版 出版部「(書名を明記)」係宛に書面にて，もしくは下記の e-mail アドレスまでお願いします．なお，電話でのご質問には応じかねますので，あらかじめご了承ください．

  editor@morikita.co.jp

- 本書により得られた情報の使用から生じるいかなる損害についても，当社および本書の著者は責任を負わないものとします．

- 本書に記載している製品名，商標および登録商標は，各権利者に帰属します．

- 本書を無断で複写複製（電子化を含む）することは，著作権法上での例外を除き，禁じられています．複写される場合は，そのつど事前に(社)出版者著作権管理機構（電話 03-3513-6969，FAX 03-3513-6979，e-mail：info@jcopy.or.jp）の許諾を得てください．また本書を代行業者等の第三者に依頼してスキャンやデジタル化することは，たとえ個人や家庭内での利用であっても一切認められておりません．

# 信号解析
信号処理とデータ分析の基礎

馬杉正男 著

森北出版株式会社

# まえがき

今日，われわれは，理工学およびその関連分野において，電磁波や音などの物理現象から，脳波や血流などの生体現象まで，多岐にわたる現象を観測対象としている．こうした様々な現象に関する情報を運ぶものは信号とよばれ，時間とともにその値は変化する．

そして，様々な現象を理解するためには，得られた観測信号から，その特性を抽出評価する処理，すなわち信号解析を行う必要がある．この際，観測信号はそれぞれ特有の変動パターンを示すことから，解析対象とする信号種別や目的に応じて，適切にアプローチ手法を選択していくことが重要である．

さて，信号は，時間的に変動する1次元信号と，2次元画像などの2次元信号，および立体画像のような3次元信号などに分類することができる．ここで，2次元以上の多次元信号については，CTやMRIなどの医用画像が代表例であり，近年，目的とする情報を抽出評価するための処理技術が急速に進んでいる．このように，信号はその次元によりいくつかのタイプに分類することができるが，日常的にわれわれが観測対象として扱う信号は，時間とともにその値が変化する1次元信号の比率が高い．また，1次元信号を扱う際の処理技術は，多次元信号を扱う際への拡張性を含めて信号解析の基礎となる．以上のような点を考慮し，本書では，1次元信号を主要な対象として内容を整理する．

ところで，現在，信号の特性抽出・伝達・利用などを目的とした操作は，一般的に信号処理とよばれる．そのため，信号解析への展開を念頭においた書籍の多くについても，"信号処理"というタイトルが用いられている．一方，本書では，対象とする信号の理解に際し，信号特性の抽出評価に加えて，信号識別や特徴分析までを含めた領域を対象としたことから，信号解析という表現を用いることとした．

信号処理および信号解析にかかわる分野では，これまで数多くの書籍が出版されている．ただ，本分野に関する書籍は，ともすると説明表現が難解であったり，あるいは，初学者が基本事項を理解するうえでエッセンスが十分に絞り込まれていないケースが多いように見受けられる．たとえば，あるテーマに関する記述量が多すぎると，初学者から見て何を優先して理解すべきかを把握することが難しくなる．さらに，関連技術が急速に発展した結果として，今日，新しいアプローチ手法や展開領域が提案されており，従来のテーマに対して，新たな情報を追加記載する必要性が生じている．

# まえがき

　本書は，信号解析に向けた基礎事項や応用展開に向けた様々なアプローチ手法を，より幅広い層の人々が理解できることを念頭にまとめたものである．本書の記述に際しては，簡潔な説明表現を心掛けるとともに，より難解な項目については，適宜，補足形式の説明欄を設定するなどの工夫を施した．また，各解析手法の位置付けを明確にする観点からも，信号解析を行う際のテーマ別に内容を整理し，具体的な応用事例も数多く示している．さらに，従来の伝統的な解析手法だけでなく，近年注目されている非線形解析手法や信号分離など，新たなアプローチ手法についても整理した．

　本書で扱うテーマの概要を，図 A に示す．

　コンピュータ上で実際に観測信号を扱うためには，元の連続的な信号から離散的な信号列への変換を行ったうえで各種の信号解析を実行する．第 1〜3 章および第 6 章では，離散化された信号の表現法や信号特性の抽出法を扱っており，いくつかのステップに分けて整理している．まず，第 1 章では，信号の分類例を踏まえて，信号の統計量の抽出処理，数式による様々な表現法をまとめた．次に，第 2 章および第 3 章は，信号特性を理解するうえできわめて重要な周波数解析を対象とし，それぞれ基礎編と発展編として位置付けた．ここで，第 2 章では，フーリエ変換や線形予測法などの代表的な解析手法を扱い，第 3 章では，信号の相関性や時間経過との関係性（時間－周波数解析）など，より発展的な内容を整理した．第 6 章では，カオスやフラクタルとよばれる概念に関連する非線形的な解析手法を扱い，従来の伝統的な解析手法とは異なるアプローチ手法を紹介した．第 4 章および第 5 章は，信号分離解析をテーマとし，前者は，雑音除去や信号の基本成分を対象とする解析手法，後者は，複数の信号が混在するようなケースにおいて信号分離する際の解析手法を説明した．最後に第 7 章では，信号から抽出される特性（変数）から構成されるデータを設定した条件の下で，信号識別と特性把握に向けた解析手法を整理した．

　以上，本書で解説する解析手法は，時間とともに変化する 1 次元信号の特性を理解し，さらに，信号識別や特徴把握の展開に有効であると考えられる．本書は，初学者が理解しやすい内容になることを念頭におき，エッセンスを絞り込むとともに，具体的な応用展開がイメージできるよう心掛けた．大学の学部生や大学院生，さらには関連する分野の技術者・研究者の方々のお役に立てることができれば幸いである．ただ，著者の浅学非才のため，改善すべき事項が見出されるかもしれない．その点について読者諸氏のご意見，ご叱責を頂ければ幸いである．最後に，本書の完成のため，堅忍持久のご支援を賜った富井晃氏をはじめ，森北出版の方々に厚く御礼申し上げる．

2013 年 2 月

　　　　　　　　　　　　　　　　　　　　　　　　　　　　　　　　　　著　者

まえがき　*iii*

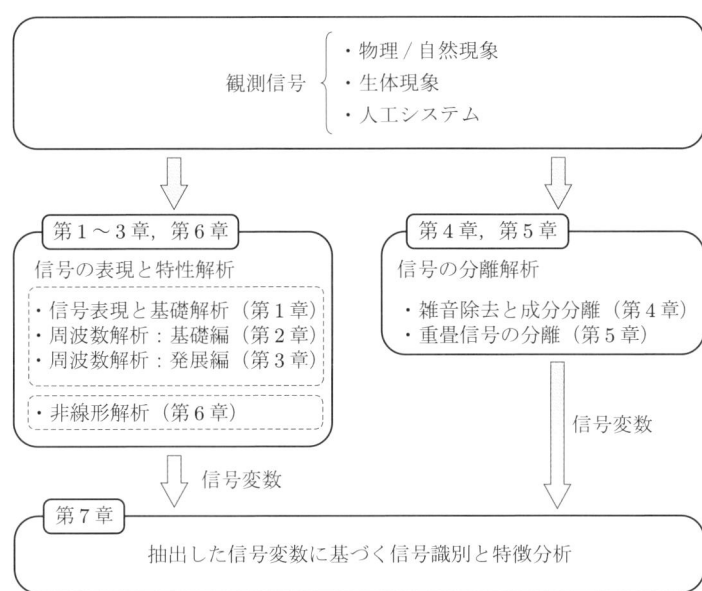

図A　本書の構成

# 目　次

## 第1章　信号の表現と扱い　　1

- 1.1　信号の分類例　……………………………………………………………… 1
- 1.2　信号の数学的な表現　……………………………………………………… 2
  - 1.2.1　信号の離散化処理　*2*
  - 1.2.2　標本化定理　*3*
  - 1.2.3　量子化誤差　*4*
- 1.3　信号の雑音　………………………………………………………………… 5
- 1.4　信号の統計解析：基本特性の定量化　…………………………………… 6
  - 1.4.1　基礎的な統計指標　*6*
  - 1.4.2　確率密度関数を用いた統計指標の表現　*9*
  - 1.4.3　定常性とエルゴード性　*11*
- 1.5　信号の相関関数　…………………………………………………………… 11
  - 1.5.1　自己相関関数　*12*
  - 1.5.2　相互相関関数　*13*
- 1.6　フーリエ級数展開　………………………………………………………… 14
  - 1.6.1　フーリエ級数展開の概要　*14*
  - 1.6.2　複素フーリエ級数展開　*19*
- 1.7　観測信号の線形モデル　…………………………………………………… 22
  - 1.7.1　信号の定常性を前提とした線形定常モデル　*23*
  - 1.7.2　信号の定常性を前提としないモデル　*25*
- 演習問題　………………………………………………………………………… 26

## 第2章　信号の周波数解析（1）：基本編　　28

- 2.1　フーリエ変換　……………………………………………………………… 28
  - 2.1.1　フーリエ変換とは　*28*
  - 2.1.2　離散フーリエ変換　*32*

    2.1.3　高速フーリエ変換　*36*
    2.1.4　$z$ 変換　*39*
  2.2　フーリエ変換に基づく周波数解析 …………………………………… *41*
    2.2.1　フーリエ変換の適用　*41*
    2.2.2　周波数解析の手順　*42*
  2.3　線形予測法に基づく周波数解析 …………………………………… *46*
    2.3.1　基本原理　*47*
    2.3.2　線形予測法の特徴　*49*
  演習問題 ………………………………………………………………………… *52*

# 第3章　信号の周波数解析（2）：発展偏　　53

  3.1　信号の相関性に関する周波数解析 …………………………………… *53*
    3.1.1　クロススペクトル解析　*53*
    3.1.2　バイスペクトル解析　*55*
  3.2　時間 – 周波数解析 …………………………………………………… *56*
    3.2.1　時間 – 周波数解析手法の分類と特徴　*56*
    3.2.2　ウェーブレット変換　*59*
  3.3　ケプストラム解析 …………………………………………………… *64*
    3.3.1　ケプストラム解析　*64*
    3.3.2　複素ケプストラム解析　*66*
  演習問題 ………………………………………………………………………… *67*

# 第4章　信号分離の解析手法（1）：雑音除去と変動成分の分離　　68

  4.1　観測信号からの雑音除去 …………………………………………… *68*
    4.1.1　フィルタの分類　*68*
    4.1.2　演算処理による雑音除去　*71*
  4.2　観測信号の変動成分の分離 ………………………………………… *76*
  4.3　離散ウェーブレット変換 …………………………………………… *77*
    4.3.1　離散ウェーブレット変換の定義　*78*
    4.3.2　ウェーブレット級数展開による信号分離　*78*
  4.4　特異スペクトル解析法 ……………………………………………… *81*
    4.4.1　特異スペクトル解析法の処理手順　*82*

4.4.2　特異スペクトル解析法の特徴と適用例　*85*

演習問題 ……………………………………………………………………… *86*

## 第5章　信号分離の解析手法（2）：重畳信号の分離　*87*

5.1　重畳した孤立波形の分離解析 …………………………………………… *87*
　5.1.1　孤立波形モデルの設定　*87*
　5.1.2　孤立波形の分離処理　*88*
5.2　複数信号が重畳した多地点観測信号の分離解析：独立成分分析 ……… *91*
　5.2.1　独立成分分析の問題設定　*91*
　5.2.2　独立性の判定基準　*92*
　5.2.3　未知行列 $W$ の導出手順　*97*
　5.2.4　独立成分分析の適用事例　*99*

演習問題 ……………………………………………………………………… *101*

## 第6章　信号の非線形解析　*102*

6.1　カオスとは ………………………………………………………………… *102*
　6.1.1　カオスの事例　*103*
　6.1.2　反復写像と分岐図　*105*
6.2　力学系における信号の非線形解析法 …………………………………… *107*
　6.2.1　時間遅れ座標系への変換　*107*
　6.2.2　リカレンスプロット　*108*
　6.2.3　リアプノフ指数　*109*
6.3　非線形現象に見られる自己相似性（フラクタル） …………………… *112*
　6.3.1　フラクタルとは　*112*
　6.3.2　時系列信号の解析　*114*
　6.3.3　DFA 法による自己相似性の評価法　*117*
6.4　非線形信号の時系列モデル ……………………………………………… *119*

演習問題 ……………………………………………………………………… *120*

## 第7章　観測信号の識別と特徴把握　*121*

7.1　観測信号からのデータの設定 …………………………………………… *121*

7.2 クラスター分析 ………………………………………………………… 122
　7.2.1 多次元データ間の類似度・非類似度の設定法　123
　7.2.2 階層型クラスタリングによるデータ分析　124
　7.2.3 非階層型クラスタリング手法によるデータ分析　127
7.3 ニューラルネットワークを用いたデータ解析 ………………………… 128
　7.3.1 ニューロンにおける情報伝達　129
　7.3.2 ニューラルネットワークの分類　130
　7.3.3 ニューラルネットワークの学習処理例　132
7.4 多変量解析 ……………………………………………………………… 138
　7.4.1 主成分分析　138
　7.4.2 重回帰分析　141
　7.4.3 判別分析　142
演習問題 …………………………………………………………………… 144

付　録 ………………………………………………………………………… 145
演習問題解答 ………………………………………………………………… 148
参考文献 ……………………………………………………………………… 157
索　引 ………………………………………………………………………… 159

# 第 1 章　信号の表現と扱い

　理工学や医学など，様々な分野においてわれわれが観測対象とする信号は，自然現象，生体現象，人工システムなど多種多様なものより生成され，それぞれ特有の変動特性をもつ．これらの信号を解析する際には，信号がもつ統計量の抽出法を含めて，信号処理の基礎概念を正しく理解しておくことが重要である．また，コンピュータ上で信号解析を行う際には，観測した連続的な信号を離散化してディジタル量として扱う．したがって，信号解析では，元の連続的な信号の離散化処理や数式による表現手法についても学ぶ必要がある．

　本章では，信号の分類例とともに，信号の数学的な表現法，さらには，信号解析にかかわる統計処理，フーリエ級数展開，統計的モデル化手法などの基礎事項を確認したい．

## 1.1　信号の分類例

　信号解析に際して，対象とする信号がそれぞれの変動特性に基づいてどのように分類されるかを整理しておくことが重要である．ここで，自然界や人工システムにおいて観測される信号の分類例を図 1.1 に示す．図が示すように，時間的に変動する信号は，まず，確定的信号と非確定的信号（不規則信号）に大別される．

　ここで，確定的信号とは，反復して観測した場合でも同一の変動特性をもち，ある時刻を決めた際の信号波形が決定され，明確な数学式で表現できる信号を指す．また，確定的信号は，正弦波のように周期的な信号波形が繰り返す周期信号と，過渡波に代表される非周期信号に分類される．

$$
\begin{cases}
\text{確定的信号} \begin{cases} \text{周期信号：正弦波，連続パルス波など} \\ \text{非周期信号：過渡波，単一パルス波など} \end{cases} \\
\text{非確定的信号} \begin{cases} \text{周期的信号：健常者の心電図など} \\ \text{(不規則信号)} \end{cases} \begin{cases} \text{非周期信号} \begin{cases} \text{（定常性）白色雑音など} \\ \text{（非定常性）心臓発作時の心電図，地震波など} \end{cases} \end{cases}
\end{cases}
$$

図 1.1　信号の分類例

一方,不規則信号は,観測するたびに異なる変動特性を示し,数式での完全なモデル化には限界がある.自然界に存在する現象の大半はこのタイプに属し,これも周期的信号と非周期信号に大別される.また,後者については,その統計的性質の違いによって,定常信号と非定常信号の2種類のタイプに分類できる(1.4.3項参照).ここで人間の心電図に着目すると,健常者の場合の観測信号は,一般的に周期的信号に分類できるのに対して,心臓発作時のようなケースでは,非周期信号となるなど,その変動特性に違いが見られる.

ところで,様々な信号解析手法の中には,解析対象とする信号の定常性を制約条件とするタイプが存在する.このように,信号の定常性を前提とする手法の適用に際しては,あらかじめ対象信号の定常性の度合いを検証したうえで,信号解析を実行すべきケースがあることにも留意したい.

続いて,周期信号(あるいは周期的信号)と非周期信号に関する波形パラメータの定義例を,図 1.2 に示す.振幅方向に対しては,最大値(ピーク値)やピーク・ピーク値が定義され,時間軸方向に対しては,立ち上がり時間やパルス幅などの波形パラメータが定義される.これらの基本的な波形パラメータは,観測信号の基本特性を表現するうえで有効な評価指標となる.

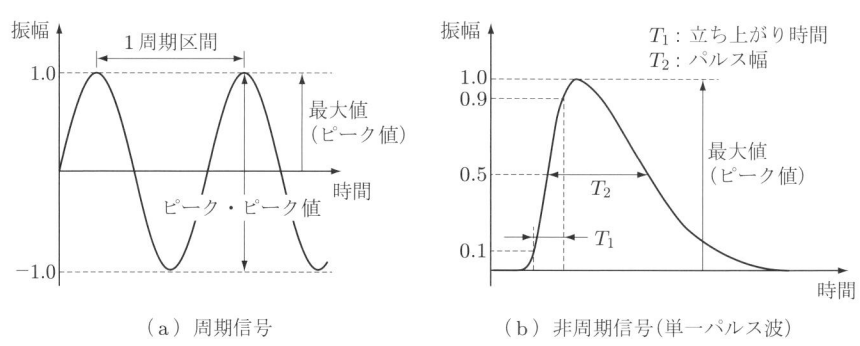

図 1.2 波形パラメータ例

## 1.2 信号の数学的な表現

### 1.2.1 信号の離散化処理

通常の関数で表現される信号,あるいは,実際の物理現象として観測される信号は,時間や空間座標において連続的に変化する.しかし,連続量のままでは,コンピュータ上で処理することができない.そこで,連続的に変動する元の信号(アナログ信号)を,一定の時間間隔で離散化した信号列へ変換する必要がある.

いま，時間 $t\ (\geqq 0)$ における連続的な信号 $x(t)$ について，一定の時間間隔 $\Delta t$ で離散化すると，

$$x(0),\ x(\Delta t),\ x(2\Delta t),\ \cdots,\ x(i\Delta t),\ \cdots$$

を得る（$i \geqq 0$：整数）．さらに，この信号列を扱いやすくするために，以下のように表現することもできる．

$$x(0),\ x(1),\ x(2),\ \cdots,\ x(i),\ \cdots$$

さて，アナログ信号をディジタル量（ディジタル信号）へ変換する処理は，AD（analog-digital）変換とよばれる．また，アナログ信号を時間方向に離散化する処理は標本化（サンプリング），標本化された信号振幅の分割処理は量子化とよばれる．

図 1.3 は，AD 変換における標本化と量子化のイメージを示しており，連続なアナログ信号が離散化した信号列で表現されている．ここで，コンピュータや情報通信機器などのディジタルシステムにおける信号の変換処理フローは，①アナログ信号の離散化（標本化処理），②標本化信号の量子化，③量子化した振幅情報の 2 進数への変換（符号化）のステップからなる．離散化した信号列を対象とすることで，各種ディジタルシステム上において，様々な演算処理を効率的に実現することができる．なお，信号の量子化処理という概念については，2 進数への符号化を含めて一体化して扱われるケースも多い．

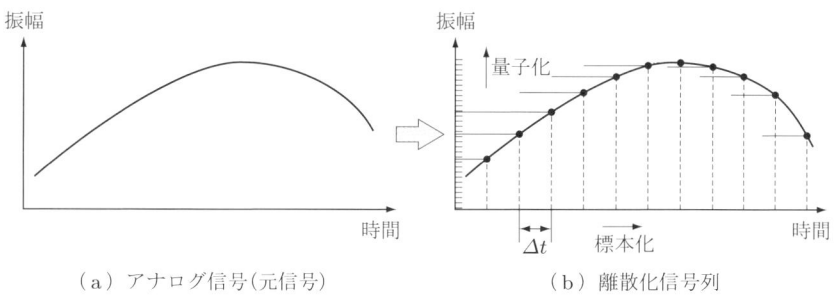

（a）アナログ信号（元信号）　　　　（b）離散化信号列

図 1.3　アナログ信号の離散化イメージ

### 1.2.2　標本化定理

AD 変換における最初のステップは，標本化処理である．このとき，アナログ信号を標本化する際の時間間隔（サンプリング間隔）が狭いほど，より正確に元のアナログ信号の変動特性を再現することができる．一方で，サンプリング間隔を狭くしすぎると，必要以上にサンプル数（あるいは，データ量）が増加するため処理効率が低下

する．ここで，アナログ信号を離散化する際の時間間隔の目安となるのがシャノンの標本化定理である．

> **標本化定理**
>
> 標本化定理は，AD 変換処理時のアナログ信号のサンプリング間隔 $\Delta t$ を与える．いま，対象とするアナログ信号に含まれている最高周波数 $f_H$ の 2 倍以上の標本化周波数（サンプリング周波数）$f_s$ で標本化すると，標本値より元の信号を完全に復元することが可能となる（⇒ p.34 Note 2.1）．
>
> $$f_s \geqq 2f_H \tag{1.1}$$
>
> この標本化処理を時間領域より見た場合には，
>
> $$\Delta t \leqq \frac{1}{2f_H} \tag{1.2}$$
>
> と記述され，ここで，標本化周波数の 1/2 をナイキスト周波数という†．

ここで，元のアナログ信号とサンプリング間隔の関係を，**図 1.4** に示す．図では，アナログ信号が，等間隔でサンプリングされて，離散信号列へ変換される様子を示している．この例では，アナログ信号の変動周期に対して，サンプリング間隔が長いときには，破線のような離散信号として抽出され，元の変動特性を正確に再現できないことがわかる．このような，サンプリング間隔が不十分な場合に発生する状態は，エイリアシングとよばれる．

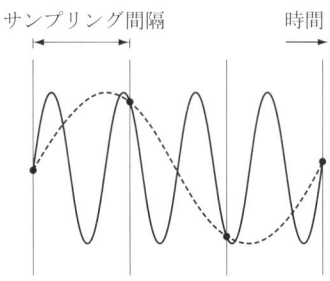

図 1.4　アナログ信号とサンプリング間隔

### 1.2.3　量子化誤差

標本化信号の振幅を何段階で量子化するかという分割性能が，量子化レベルに対応

---

† なお，ナイキスト周波数とは区別して，ナイキストレートが定義される．ここで，ナイキストレートは，信号の情報を復元可能な標本化周波数の下限，または，信号の最大周波数の 2 倍（$2f_H$）で与えられる．

する．量子化レベルが高いほど，すなわち，量子化時の分解能を高く設定するほど元の振幅情報との誤差が小さくなる．この量子化処理において生じる誤差は，量子化誤差とよばれる．

ディジタル信号処理の符号化では，通常，0 と 1 からなる 2 進数が利用される．2 進数の 1 桁がビットに対応しており，ビット数を増やすことで量子化誤差を抑制することができる．ここで，たとえば，分解能が 8 ビットと 10 ビットで量子化する条件を想定すると，おのおの $2^8 = 256$ ステップと $2^{10} = 1024$ ステップに振幅方向が分割される．仮に，ピーク値 10 の信号を処理する場合，おのおの $10 \div 256 \fallingdotseq 0.039$, $10 \div 1024 \fallingdotseq 0.00977$ のステップに分割される．

## 1.3 信号の雑音

解析対象とする信号には，様々な雑音（ノイズ）が混在するケースがある．ディジタルシステムで扱う信号に含まれる雑音は，外来雑音と内部雑音に大別される．外来雑音は，ディジタルシステム内部へ入力される前段階で対象信号に含まれる雑音であり，宇宙雑音や静電気放電などの自然現象に起因するケースや，人工システムに起因する人工雑音などの事例が挙げられる．内部雑音は，ディジタルシステム内部で発生するものであり，回路内部の増幅器などに起因するものが代表例となる．

解析対象とする信号と雑音の比は，信号対雑音比（SN 比；signal to noise ratio）とよばれる．SN 比は，信号と雑音の電力（パワー）を $P_s$ と $P_n$ とおくと，

$$S/N = \frac{P_s}{P_n} \tag{1.3}$$

あるいは，

$$10 \log_{10} \left( \frac{P_s}{P_n} \right) \text{ [dB]} \tag{1.3}'$$

で定義され，通常は，対数をとりデシベル（dB）で表示される．電力は電圧または電流の二乗に比例するので，信号および雑音の電圧や電流の振幅を用いる場合は，$20 \log_{10}$ (信号/雑音) で与えられる．

SN 比が高ければ，信号に含まれる雑音比率が低いことを意味する．情報通信システムを例に挙げると，SN 比の増加は，通信効率の改善に対応する．

また，増幅回路などについて，入力側の SN 比と出力側の SN 比の比率は雑音指数とよばれる．雑音指数は，入力側の SN 比に対して，出力側の SN 比がどれだけ劣化するかを示す値であり，信号が通過する回路における雑音発生の評価尺度となる．

SN比と同様の表現として，希望波対不要波比（DU比；desired signal to undesired signal ratio）がある．また，信号を搬送波とした場合は，搬送波対雑音比（CN比；carrier to noise ratio）などと表現することもある．

なお，雑音は，確率的な分布密度が周波数によらず一定の白色雑音（ホワイトノイズ）と，確率的な分布密度に周波数依存性が存在する有色雑音に大別される．後者の例としては，確率的な分布密度が周波数 $f$ の増加とともに反比例して減少するピンク雑音（$1/f$ ノイズ）や，周波数の二乗値に反比例して減少するブラウン雑音などが代表的である．

信号解析に際して，不要な雑音成分を除去することが多いが，その具体手法は，4.1節を参照されたい．

## 1.4 信号の統計解析：基本特性の定量化

1.1節で示したように，実際に観測される信号には様々な種別があり，その変動特性も異なる．観測信号から基本特性を抽出し，それらを定量化することが信号解析の第1ステップであり，信号のばらつきの度合いや規則性などにかかわる統計量が，非常に重要な指標となる．

本節では，信号の基本特性を把握する観点より，基礎的な統計指標を用いた信号の定量化法を整理したい．

### 1.4.1 基礎的な統計指標

ここでは，離散化した $N$ 個の信号列 $x(i)$ $(i = 1, 2, \cdots, N)$ を扱う場合を想定する．こうした離散的な信号列に対する代表的な統計指標として，以下で定義される平均値，分散，相関係数を挙げることができる．

**(1) 平均値**

解析対象とする母集団の平均的な傾向を示す指標として，平均値（average）を挙げることができる．もっとも基本的な信号の平均値（相加平均値，あるいは，算術平均）は，次式により定義できる．

$$\overline{x} = \frac{1}{N} \sum_{i=1}^{N} x(i) \tag{1.4}$$

なお，母集団より部分的に抽出されたサンプル値（標本データ）の平均値を対象と

するケースは，標本平均とよばれる．母集団の大きさが非常に大きく，全体平均（集合平均，あるいはアンサンブル平均）を導出することが現実的ではない場合には，標本平均を導出することが一般的である．また，ある限られた観測時間において得られる信号列の平均値は，時間平均という表現が用いられることもある．

さらに，有限個のサンプル値を小さい順に並べたとき，中央に位置する値は中央値とよばれ，母集団の平均的な傾向を把握する際に，平均値と同様に有効な指標となる．

### (2) 分散と標準偏差

平均値を見るだけでは，信号がどのような分布傾向しているかが把握できない．信号の平均値に対するばらつきの度合いを示す指標として，分散（variance）が次式により定義できる．

$$\mathrm{var}(x) = \frac{1}{N} \sum_{i=1}^{N} \{x(i) - \bar{x}\}^2 \tag{1.5}$$

定義式からわかるように，分散は，信号の平均値を中心とした距離の二乗値の平均を示しており，平均値との乖離量に相当する指標となる．標本平均の場合と同様に，母集団より抽出された標本データの分散は，標本分散ともよばれ，母集団全体から導出される分散の $1/N$ に対応する．

さて，元の情報との単位を統一するという観点より，分散の正の平方根 $\sqrt{\mathrm{var}(x)} = \sigma$ とした標準偏差（standard deviation）が定義される．平均値を中心に，左右対称のつり鐘形の分布（正規分布，あるいはガウス分布）を仮定すると，平均 $\pm\sigma$ の領域に全体の約 68.27%，平均 $\pm 2\sigma$ の領域に約 95.45%，平均 $\pm 3\sigma$ の領域に約 99.73%の確率で含まれる．

図 1.5 に，正規分布における確率的なデータ分布を示す．図のように，平均値の中

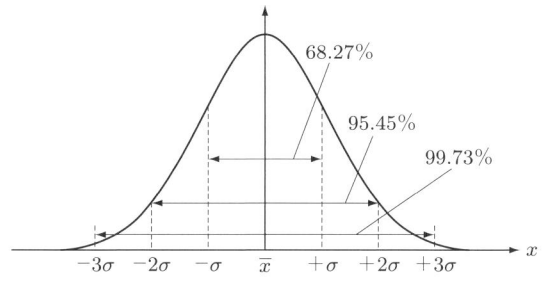

図 1.5　正規分布

心前後から離れるほど，確率的分布が低下していく．標準偏差 $\sigma$ の大きさは，信号の確率的分布の広がりの度合いに対応し，$\sigma$ が大きい場合には，平均値を中心として多様な分布傾向をとり，$\sigma$ が小さい場合には，平均値に集中している分布と推測することができる[†]．

## (3) 相関係数

二つの信号列 $x(i), y(i)$ $(i = 1, 2, \cdots, N)$ の類似性（あるいは，相関性）を測る一つの尺度として，相関係数（相互相関係数）が用いられる．相関係数は次式で定義され，1 に近い場合は正の相関があり，$-1$ に近い場合は負の相関があるとみなす．また，0 に近い場合は，二つの事象の相関は弱いとみなすことができる（図 1.6）．

$$\rho_{xy} = \frac{\sum_{i=1}^{N}\{x(i) - \overline{x}\}\{y(i) - \overline{y}\}}{\sqrt{\sum_{i=1}^{N}\{x(i) - \overline{x}\}^2}\sqrt{\sum_{i=1}^{N}\{y(i) - \overline{y}\}^2}} \tag{1.6}$$

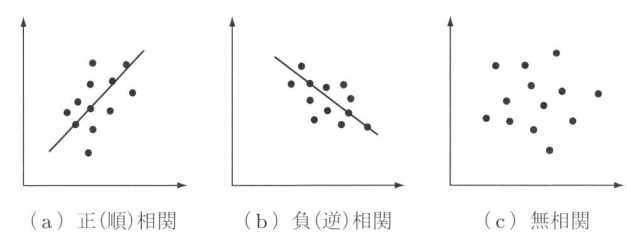

　　（a）正(順)相関　　　　（b）負(逆)相関　　　　（c）無相関

図 1.6　異なる変数間の相関関係例

平均値，分散などの指標は，一つの変数に着目して，母集団の統計的な特性を定量化するものであるが，二つの変数の動きを同時に着目して評価する場合には相関係数 $\rho_{xy}$ が用いられる．

以上で示したような統計指標などを用いて，信号のばらつきの度合いを視覚的に評価する手段として，分割した区間ごとの占有率を把握するためのヒストグラムや，確率的な発生頻度を把握するための累積確率分布などが活用される．図 1.7 は，ある変数に関するヒストグラムや累積確率分布の例を示したものである．観測信号がどのような分布特性を示すかを視覚的に確認できる点で有効なツールとなることがわかる．

---

[†] ちなみに，大学受験などで利用される偏差値は，平均が 50，標準偏差が 10 になるように換算して求められる統計指標である．偏差値 70 は平均値 $+2\sigma$ に相当し，得点分布が正規分布と仮定すれば，母集団中で上位から約 2.3% のところに位置していることを意味する．

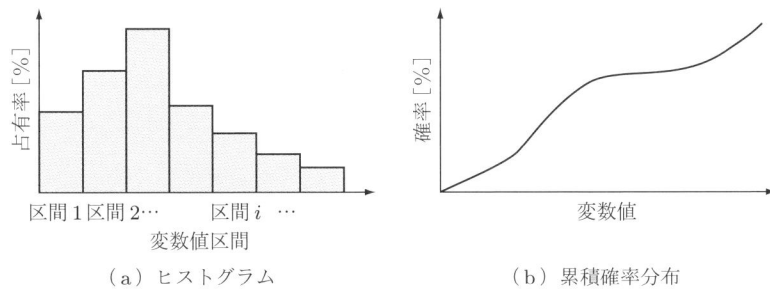

図 1.7　信号分布特性を把握する手法

### 1.4.2　確率密度関数を用いた統計指標の表現

実際に観測される信号は，多くの場合，不規則な変動成分を含み，観測されるたびに異なる値をとり得る．このように，観測するたびに値が異なる可能性がある信号を扱う際には，信号を確率的に変化する変数とみなすアプローチがしばしば用いられる．観測信号をある確率変数とみなすという考え方では，ある時刻における信号の観測値よりも，その信号がどのような確率的な分布をもつかが重要である．この際，観測信号の統計的な性質を表現するために導入される関数が，確率密度関数（probability density function）である．

さて，信号を確率変数 $x$ とみなし，その分布を与える確率密度関数を $p(x)$ と表現すると，

$$\int_{-\infty}^{\infty} p(x)\,dx = 1 \tag{1.7}$$

を満たす．このとき，ある区間 $x_i \sim x_j$ の積分値（面積）が確率 $P(x_i \leqq x \leqq x_j)$ に対応する（図 1.8）．

確率密度関数の違いにより，確率変数は，一様分布，正規分布，指数分布，ガンマ分布，$\chi^2$ 分布などとよばれる様々な分布パターンを示し，それぞれの分布条件に応じ

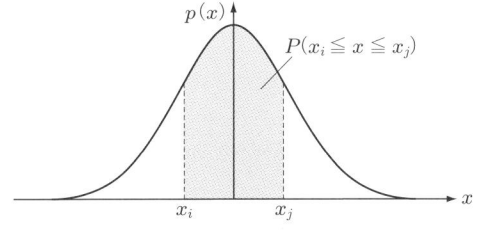

図 1.8　確率密度関数と確率の関係

た平均値や分散特性が求められる．

この確率密度関数を用いると，確率変数 $x$ の平均値（集合平均）は，次式で与えられ，期待値（expectation）とよばれる．

$$E[x] = \int_{-\infty}^{\infty} x p(x)\, dx \tag{1.8}$$

また，確率変数の $n$ 乗（$n = 0, 1, 2, \cdots$）に対する期待値は $n$ 次モーメントとよばれる．

$$E[x^n] = \int_{-\infty}^{\infty} x^n p(x)\, dx \tag{1.9}$$

ここで，$n$ 次モーメントは，$n = 0$ の場合は確率密度関数の性質より 1 となる．また，$n = 1$ の場合が確率変数の集合平均に対応する．

さらに，平均値 $E[x]$ の周りのモーメントは，中心モーメントとして定義される．

$$E[(x - E[x])^n] = \int_{-\infty}^{\infty} (x - E[x])^n p(x)\, dx \tag{1.10}$$

上式は，$n = 1$ の場合は 0 である．$n = 2$（2次中心モーメント）の場合は，確率変数の分散に対応する．高次の中心モーメントは，確率分布のゆがみの度合いを測る際に有効な指標であり，$n = 3$ に関連する指標が歪度（skewness），$n = 4$ に関連する指標が尖度（kurtosis）として知られている．

なお，二つの確率変数 $x, y$ があり，変数 $x$ がある値をとる際，同時に変数 $y$ がある値をとる確率分布は，結合確率密度分布とよばれる．異なる変数 $x$ と $y$ の結合確率密度分布を $p(x, y)$ とすると，これら 2 変数に関する結合中心モーメントは，次式で定義され，共分散とよばれる．

$$E[(x - E[x])(y - E[y])] = \int_{-\infty}^{\infty} \int_{-\infty}^{\infty} (x - E[x])(y - E[y]) p(x, y)\, dxdy \equiv C_{xy} \tag{1.11}$$

ここで，これら 2 変数が統計的に独立である場合には，各変数の確率分布を $p(x)$，$p(y)$ として，$p(x, y) = p(x)p(y)$ が成立する．この条件下では，

$$C_{xy} = \int_{-\infty}^{\infty} \int_{-\infty}^{\infty} (x - E[x])(y - E[y]) p(x) p(y)\, dxdy$$

$$= \left[\int_{-\infty}^{\infty}(x-E[x])p(x)\,dx\right]\left[\int_{-\infty}^{\infty}(y-E[y])p(y)\,dy\right] = 0 \qquad(1.12)$$

となる．

### 1.4.3 定常性とエルゴード性

確率過程は，定常過程と非定常過程に大別される．定常過程（定常性）は，観測信号の統計的性質が時間とともに変化しない過程を指すのに対して，非定常過程（非定常性）では，統計的性質が時間とともに変化する．ただし，実際の観測信号が定常性の条件を満足する条件は厳しいため，定常性の条件を緩和した弱定常過程が多く採用される．

一般的に，平均や分散が時間とともに変化せず，かつ，自己相関関数（次節参照）が時間の変化に対して一定（時間差のみの関数）となる確率変数は，弱定常過程とみなされる．一方，1.4.2項で定義した高次モーメントも時間にかかわらず一定となる確率変数は，定常性の条件がより厳格な強定常過程とみなすことができる．

また，定常過程に属する観測信号に関して，時間平均が集合平均と一致する場合，その信号はエルゴード性をもつといわれる（エルゴード確率過程）．すなわち，エルゴード確率過程では，ある信号について，観測順序ごとに番号 $k$ を割り当てて $x_k(t)$ とし，$\bar{x}$ を集合平均とすると，

$$\bar{x} = \lim_{T\to\infty}\frac{1}{T}\int_0^T x_k(t)\,dt \qquad(1.13)$$

が番号 $k$ の値によらずに成立する．

ところで，信号解析やモデル化手法の中には，信号の定常性を前提としているタイプがいくつか存在する．このように，信号の定常性を前提とする信号解析の適用に際しては，事前に観測信号の定常性を評価したうえで実行するのが望ましい．具体的には，すべての観測データ（母集団）と異なる時間区間で観測される部分データ（標本データ）間，あるいは，異なる時間区間で観測される部分データ（標本データ）間の基本統計量を比較する例などが挙げられるが，統計的な仮説検定の概念を導入するアプローチが有効である．

## 1.5 信号の相関関数

前節では，統計的指標を用いて信号の基本特性を定量化する手法について整理した．しかし，信号の周期性や信号どうしの相関性に着目する場合，ある観測時間（観測区

間）より得られる統計指標だけでは，信号特性を十分に把握することはできない．

こうした信号特性を測るための時間関数として，相関関数が定義されており，信号の周期性や類似性などを理解するうえで有効な手段となる．同じ信号どうしより得られる相関関数は自己相関関数，異なる信号列間より得られる相関関数は相互相関関数とよばれる．

以下では，この2種類の相関関数の定義と特徴を整理する．

### 1.5.1 自己相関関数

ある信号とその信号を一定時間ずらしたときの関係性を表すのが自己相関関数（autocorrelation function）である．ここで，信号 $x(t)$ に対する自己相関関数は次式で定義される．

---

- 連続系の表現〔観測時間 $T$〕：

$$R_{xx}(k) = \lim_{T \to \infty} \frac{1}{T} \int_{-T/2}^{T/2} x(t)x(t+k)\,dt \tag{1.14a}$$

ただし，有限エネルギー信号を仮定し，次式が用いられるケースも多い．

$$R_{xx}(k) = \int_{-\infty}^{\infty} x(t)x(t+k)\,dt \tag{1.14a}'$$

- 離散系の表現〔$x(i)\ (i=1,2,\cdots,N)$〕：

$$R_{xx}(k) = \frac{1}{N} \sum_{i=1}^{N-k} x(i)x(i+k) \tag{1.14b}$$

---

以上の自己相関関数の定義式において，$k$ は $x(t)$ と $x(t+k)$ の時間差に対応している．自己相関関数は，ある時刻の値とその時刻から一定値ずれた値の積を平均化しており，$k=0$ で最大値となると同時に，元の信号が含む周期と一致した時点で大きな値をとる．したがって，求めた自己相関関数の凸状の振幅値が $k$ 軸方向に対して一定の周期性を示す場合，元信号の周期性も高いと判断される．すなわち，この性質を用いることで，自己相関関数の値が大きくなる時間差を元に，信号の周期性を推定することができる．

自己相関関数は，信号を時間的にシフトした際に，信号自身にどの程度整合するかを測る尺度であり，信号の周期性を抽出する際に有効な指標となる．なお，自己相関関数は，$R_{xx}(k) = R_{xx}(-k)$ を満たす偶関数であり，$k=0$ を中心として左右対称となる．

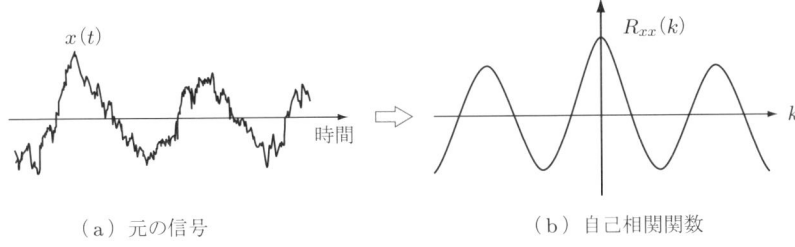

図 1.9 自己相関関数の導出例

ここで，ある周期性をもつ信号に対する自己相関関数の算出例を，**図 1.9** に示す．この例が示すように，自己相関関数は，不要な雑音成分を含んだ信号の周期性の抽出に有効である．周期性をもたないランダムな信号に対しては，$x(t)$ と $x(t+k)$ の間に相関性が存在しない．この場合，自己相関関数は時間差 $k$ の増加とともに減少して 0 へ近づく関数となり，周期性を検出することはできない．また，自己相関関数については，後述する相互相関関数とともに，周波数解析とも密接な関係をもつ（表 2.1(f) 参照）．

### 1.5.2 相互相関関数

ある信号と別の信号を一定時間ずらしたときの関係性を表すのが相互相関関数である．ここで，信号 $x(t), y(t)$ に関する相互相関関数は，次式で定義される．

- 連続系の表現〔観測時間 $T$〕：

$$R_{xy}(k) = \lim_{T \to \infty} \frac{1}{T} \int_{-T/2}^{T/2} x(t) y(t+k) \, dt \tag{1.15a}$$

ただし，有限エネルギー信号を仮定し，次式が用いられるケースも多い．

$$R_{xy}(k) = \int_{-\infty}^{\infty} x(t) y(t+k) \, dt \tag{1.15a}'$$

- 離散系の表現〔$x(i), y(i)$ $(i = 1, 2, \cdots, N)$〕：

$$R_{xy}(k) = \frac{1}{N} \sum_{i=1}^{N-k} x(i) y(i+k) \tag{1.15b}$$

まず，二つの信号の相関性が低い場合には，$k$ にかかわらず相互相関関数は 0 に近づく．一方，二つの信号の相関性が高い場合には，ある時間差 $k$ の位置で相互相関関数は大きな値をとり，二つの信号間の相関性評価や類似する信号波形の検索などに利

用できる．

　ほぼ類似した変動特性をもち，時間差が異なる二つの信号の相互相関関数の導出例を，図 **1.10** に示す．図では，二つの信号間の時間差に相当する位置において，相互相関関数が最大値をとっており，信号時間差の検出に有効な指標となることがわかる．まったく相関性がない独立な信号間の相互相関関数は 0 となり，当然の結果として，時間差なども見出すことはできない．たとえば，ある系に対する入出力信号を観測して適用するケースでは，相互相関関数は，その系がもつ時間遅れの推定に有効な指標となる．

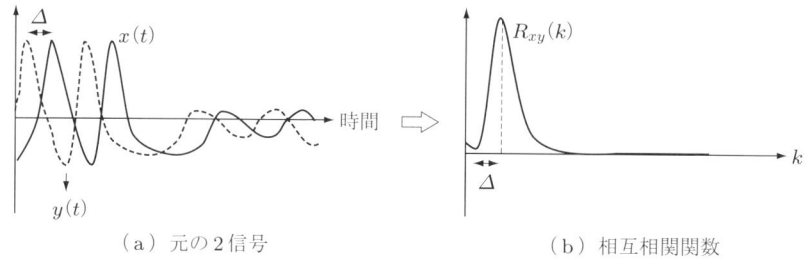

（a）元の 2 信号　　　　　　　　（b）相互相関関数

図 1.10　時間差をもつ 2 信号間の相互相関関数の導出例

## 1.6　フーリエ級数展開

　フーリエ解析（Fourier analysis）は，18 世紀後半〜19 世紀に活躍した数学者フーリエ（J. Fourier）により考案された概念であり，信号とその周波数の関係を理解するうえできわめて重要なアプローチである．一般的に，フーリエ解析は，周期信号の表現法にかかわるフーリエ級数展開（Fourier series expansion）と，信号の周波数解析に対応するフーリエ変換（Fourier transform，2.1 節参照）を指し，今日の信号解析における礎となっている．

　本節では，フーリエ級数展開に着目し，その定義と基礎概念，さらには，フーリエ級数展開を拡張した複素フーリエ級数展開について述べる．

### 1.6.1　フーリエ級数展開の概要

　フーリエ級数展開によれば，任意の周期信号は，様々な周波数をもつ三角関数を用いて表すことができる．ここで，周期信号とは，$T$ を周期として，

$$g(t+T) = g(t) \tag{1.16}$$

となる値が繰り返し現れるような信号である．周期信号では，図 **1.11** が示すように，

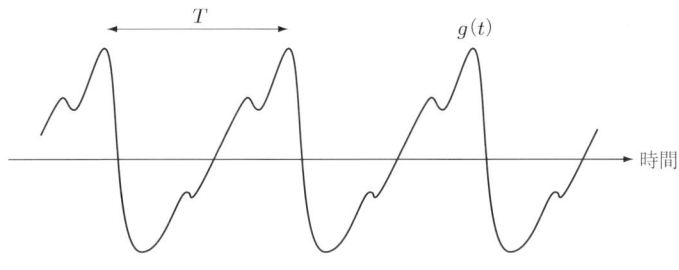

図 1.11　周期信号の例

任意の時刻の信号値は，時間 $T$ 離れた位置で同じ値となる．

任意の周期信号 $g(t)$ は，次式のようにフーリエ級数展開を用いて表現できる．

$$\begin{aligned}g(t) &= a_0 + a_1 \cos \omega t + a_2 \cos 2\omega t + \cdots + a_n \cos n\omega t + \cdots \\&\quad + b_1 \sin \omega t + b_2 \sin 2\omega t + \cdots + b_n \sin n\omega t + \cdots \\&= a_0 + \sum_{n=1}^{\infty} (a_n \cos n\omega t + b_n \sin n\omega t)\end{aligned} \tag{1.17}$$

ここで，$\omega$ は基本となる角周波数であり，基本となる周期 $T$ に対応する基本周波数を $f$ とすると，$\omega = 2\pi f = 2\pi/T$ の関係が成立する．

フーリエ級数展開の式 (1.17) において，$a_0$ は周期信号 $g(t)$ の直流成分に対応する．また，$\cos n\omega t$ と $\sin n\omega t$ の信号成分は，$n=1$ すなわち $\cos \omega t$ と $\sin \omega t$ が基本波成分に対応し，$n \geqq 2$ は基本周期に対する高調波成分とよばれる．

係数 $a_n, b_n$ はフーリエ係数とよばれ，それぞれ周期信号 $g(t)$ に含まれる cos 成分と sin 成分の大きさを表す．周期信号 $g(t)$ が定まれば，これらの値は一義的に決まり，後述する線スペクトルとなる．このとき，フーリエ係数は次式より導出される（⇒ p.17 Note 1.1）．

$$a_0 = \frac{1}{T} \int_0^T g(t)\, dt \tag{1.18}$$

$$a_n = \frac{2}{T} \int_0^T g(t) \cos n\omega t\, dt \tag{1.19}$$

$$b_n = \frac{2}{T} \int_0^T g(t) \sin n\omega t\, dt \tag{1.20}$$

ある周期信号に関するフーリエ級数展開の基礎概念を図 1.12 に示す．図のように，周期信号は，異なる周波数成分をもつ正弦波と余弦波から構成される．このとき，信

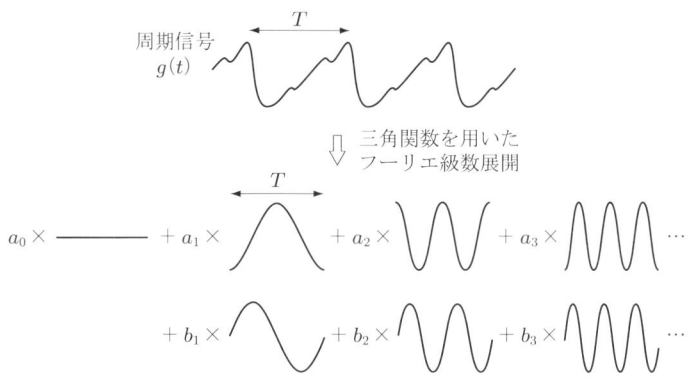

図 1.12　フーリエ級数展開の基礎概念

号に含まれる各周波数成分の度合いがフーリエ係数に対応する．

次に，フーリエ級数を用いて矩形波を再構成する例を図 1.13 に示す．フーリエ級数展開において項数（基底の数，⇒ p.18 **Note** 1.2）が多いほど，元の矩形波に近い形が再現できることがわかる．図のように，項数が限られている場合は不連続点の近傍で大きな誤差が確認できるが，これはギブス（Gibbs）現象とよばれる．

上述したフーリエ級数は，cos 成分と sin 成分の大きさを，フーリエ係数 $a_n$ と $b_n$ を用いて表現したものである．任意の周期信号とフーリエ係数は，一対一の対応関係がある．ここで，同じ周波数の cos と sin に着目すると，次式でも表現することができる．

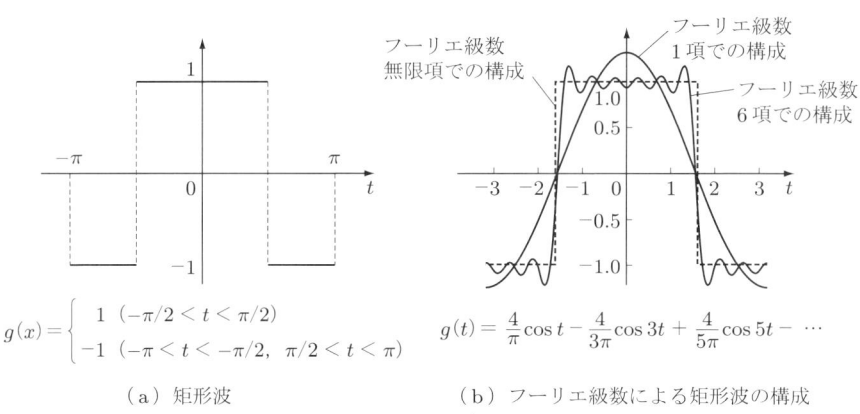

図 1.13　フーリエ級数を用いた矩形波の構成例

$$g(t) = a_0 + \sum_{n=1}^{\infty} C_n \cos(n\omega t - \phi_n) \tag{1.21}$$

ここで，$C_n = \sqrt{a_n{}^2 + b_n{}^2}, \quad \phi_n = \tan^{-1}(b_n/a_n)$

## Note 1.1　フーリエ係数の導出法

フーリエ係数の直流成分は，式 (1.17) の両辺を 1 周期積分すると求められる．

$$\int_0^T g(t)\,dt = a_0 \int_0^T dt + \int_0^T \sum_{n=1}^{\infty} (a_n \cos n\omega t + b_n \sin n\omega t)\,dt \tag{n.1.1}$$

について，右辺の第 2 項は 0 となり，

$$\int_0^T g(t)\,dt = a_0 \int_0^T dt = T a_0 \tag{n.1.2}$$

と整理され，次のように式 (1.18) が求められる．

$$a_0 = \frac{1}{T} \int_0^T g(t)\,dt$$

続いて，フーリエ係数の基本波成分 $a_1$ と高調波成分 $a_n$ は，式 (1.17) の両辺に $\cos n\omega t$ をかけて，1 周期積分して整理すると求められる．

$$\begin{aligned}\int_0^T g(t) \cos n\omega t\,dt &= a_0 \int_0^T \cos n\omega t\,dt \\ &\quad + \int_0^T \sum_{n=1}^{\infty} (a_n \cos n\omega t + b_n \sin n\omega t) \cos n\omega t\,dt\end{aligned} \tag{n.1.3}$$

において，右辺の第 1 項は 0 となり，また，

$$\begin{aligned}\int_0^T \cos m\omega t \cos n\omega t\,dt &= \int_0^T \frac{1}{2}\{\cos(m+n)\omega t + \cos(n-m)\omega t\}\,dt \\ &= 0 \quad (m \neq n)\end{aligned} \tag{n.1.4}$$

$$\begin{aligned}\int_0^T \sin m\omega t \cos n\omega t\,dt &= \int_0^T \frac{1}{2}\{\sin(m+n)\omega t + \sin(n-m)\omega t\}\,dt \\ &= 0 \quad (m \neq n)\end{aligned} \tag{n.1.5}$$

$$\begin{aligned}\int_0^T \sin m\omega t \cos n\omega t\,dt &= \int_0^T \frac{1}{2} \sin 2n\omega t\,dt \\ &= 0 \quad (m = n)\end{aligned} \tag{n.1.6}$$

より，

$$\int_0^T g(t)\cos n\omega t\,dt = a_n \int_0^T \cos^2 n\omega t\,dt$$
$$= a_n \int_0^T \frac{1}{2}(1+\cos 2n\omega t)\,dt = \frac{T}{2}a_n \tag{n.1.7}$$

が成立する．これより，次のように式 (1.19) が得られる．

$$a_n = \frac{2}{T}\int_0^T g(t)\cos n\omega t\,dt$$

最後に，フーリエ係数の基本波成分 $b_1$ と高調波成分 $b_n$ は，式 (1.17) の両辺に $\sin n\omega t$ をかけて，1 周期積分して整理すると求められる．

$$\int_0^T g(t)\sin n\omega t\,dt = a_0 \int_0^T \sin n\omega t\,dt$$
$$+ \int_0^T \sum_{n=1}^{\infty}(a_n\cos n\omega t + b_n\sin n\omega t)\sin n\omega t\,dt \tag{n.1.8}$$

について，右辺の第 1 項は 0 となり，また，

$$\int_0^T \cos m\omega t \sin n\omega t\,dt = 0 \quad (m \ne n) \tag{n.1.9}$$

$$\int_0^T \cos m\omega t \sin n\omega t\,dt = 0 \quad (m = n) \tag{n.1.10}$$

$$\int_0^T \sin m\omega t \sin n\omega t\,dt \quad (m \ne n)$$
$$= \int_0^T \frac{1}{2}\{\cos(m-n)\omega t - \cos(n+m)\omega t\}\,dt = 0 \quad (m \ne n) \tag{n.1.11}$$

より，

$$\int_0^T g(t)\sin n\omega t\,dt = b_n \int_0^T \sin^2 n\omega t\,dt$$
$$= b_n \int_0^T \frac{1}{2}(1-\cos 2n\omega t)\,dt = \frac{T}{2}b_n \tag{n.1.12}$$

が成立する．これより，次のように式 (1.20) が得られる．

$$b_n = \frac{2}{T}\int_0^T g(t)\sin n\omega t\,dt$$

**Note 1.2　フーリエ級数展開時の基底とは**

ある $n$ 次のベクトル空間 V において，ベクトル $\{e_1, e_2, \cdots, e_n\}$ が基底である場合，以下の条件が成立する．

① ベクトル空間 V の要素が, ベクトル $\{e_1, e_2, \cdots, e_n\}$ の 1 次結合で表現できる. すなわち, $a_i\ (i = 1, 2, \cdots, n)$ を変数として, ある点は, $a_1 e_1 + a_2 e_2 + \cdots + a_n e_n$ となる.

② ベクトル $\{e_1, e_2, \cdots, e_n\}$ は 1 次独立となる.
ベクトル $\{e_1, e_2, \cdots, e_n\}$ が 1 次独立であるとき, $n$ 個のベクトルには無駄がなく, $n$ 個の 1 次結合により $n$ 次の空間を表現することができる.

ここで, ベクトル空間 V の基底 $\{e_1, e_2, \cdots, e_n\}$ のどの 2 本も直交する場合, 直交基底とよばれる. さらに, 直交基底がすべて大きさ 1 の単位ベクトルである場合, 正規直交基底とよぶ.

ここで, 次項で説明する複素フーリエ級数では, 複素平面上のベクトル $e^{jn\omega t}$ が基底に対応し,

$$\int_{-\pi}^{\pi} e^{jm\omega t} e^{jn\omega t} dt = \begin{cases} 0 & (m \neq n) \\ 2\pi & (m = n) \end{cases} \tag{n.1.13}$$

の関係が成立する. 上式をベクトル $e^{jn\omega t}$ に関する内積とみなせば, $m = n$ の条件以外が 0 であるため, これは直交関係が成立している. ベクトル $e^{jn\omega t}$ の大きさは 1 であるから, この基底関数は正規直交基底となることがわかる. また, フーリエ級数展開において, 三角関数を用いた場合でも, 次のように正規直交条件は同様に成立する.

$$\int_{-\pi}^{\pi} \cos mt \cos nt\, dt = \begin{cases} 0 & (m \neq n) \\ \pi & (m = n \neq 0) \\ 2\pi & (m = n = 0) \end{cases} \tag{n.1.14}$$

$$\int_{-\pi}^{\pi} \sin mt \sin nt\, dt = \begin{cases} 0 & (m \neq n) \\ \pi & (m = n \neq 0) \\ 0 & (m = n = 0) \end{cases} \tag{n.1.15}$$

$$\int_{-\pi}^{\pi} \cos mt \sin nt\, dt = 0 \tag{n.1.16}$$

### 1.6.2 複素フーリエ級数展開

フーリエ級数展開によれば, 任意の周期信号は三角関数を用いて分解することができる. このとき, フーリエ係数 $a_n$ と $b_n$ は実数である.

ここで, オイラーの公式

$$e^{j\theta} = \cos\theta + j\sin\theta \tag{1.22}$$

から, 各成分を次式のように表現できる.

$$\cos n\omega t = \frac{1}{2}(e^{j\omega nt} + e^{-jnt}), \quad \sin n\omega t = \frac{1}{2j}(e^{j\omega nt} - e^{-jnt}) \tag{1.23}$$

式 (1.23) を式 (1.17) へ代入すると，

$$\begin{aligned}
g(t) &= a_0 + \sum_{n=1}^{\infty}\left\{\frac{1}{2}a_n(e^{j\omega nt} + e^{-jnt}) + \frac{1}{2j}b_n(e^{j\omega nt} - e^{-jnt})\right\} \\
&= a_0 + \sum_{n=1}^{\infty}\left\{\frac{1}{2}(a_n - jb_n)e^{j\omega nt} + \frac{1}{2}(a_n + jb_n)e^{-jnt}\right\}
\end{aligned} \tag{1.24}$$

より，次式のように，複素数を用いてフーリエ級数展開が表現される．

$$g(t) = \sum_{n=-\infty}^{\infty} c_n e^{jn\omega t} \tag{1.25}$$

ただし，

$$c_0 = a_0, \quad c_n = \frac{1}{2}(a_n - jb_n), \quad c_{-n} = \frac{1}{2}(a_n + jb_n)$$

であり，$c_n$ と $c_{-n}$ は，複素共役 $c_n^* = c_{-n}$ の関係にある．

このとき，複素フーリエ係数 $c_n$ は，次式より求められる．

$$\begin{aligned}
c_n &= \frac{1}{2}(a_n - jb_n) = \frac{1}{T}\int_{-T/2}^{T/2} g(t)(\cos n\omega t - j\sin n\omega t)\,dt \\
&= \frac{1}{T}\int_{-T/2}^{T/2} g(t)e^{-jn\omega t}\,dt = \frac{1}{T}\int_{-T/2}^{T/2} g(t)e^{-j2\pi nt/T}\,dt
\end{aligned} \tag{1.26}$$

上式において，複素フーリエ係数の大きさ $|c_n|$ は，ある周波数をもつ信号成分の振幅（スペクトル量）に対応している．このとき，周波数の変化は連続的ではなく，ある周波数間隔で表示され，線スペクトルとよばれる．複素フーリエ係数により，周期信号がもつ周波数成分の度合いを測ることができる．

なお，フーリエ級数展開は，理論上，無限個の範囲内の総和をとる．しかし，実際のコンピュータ上での処理では不可能なので，有限な $N$ 個の総和で表現される．式 (1.25) を例にとると，

$$g(t) \fallingdotseq \sum_{n=-N}^{N} c_n e^{jn\omega t} \tag{1.25$'$}$$

となり，$N$ の値が小さい場合には，元の信号との誤差が増加する可能性がある．項数

$N$ が不足すると誤差が生じることは，図 1.13 に示したような矩形波の場合からも容易にわかるであろう．

以上で示したように，フーリエ級数展開，あるいは，複素フーリエ級数展開では，任意の周期関数を三角関数により表現する．一方で，三角関数を用いない信号の展開法として，離散ウェーブレット関数（3.2.2 項，および 4.3 節参照）や Walsh 関数（⇒ Note 1.3）なども提案されている．

### Note 1.3　Walsh 関数による信号の展開

フーリエ解析で用いた三角関数の代わりに，Walsh 関数を適用した解析手法が提案されている．Walsh 関数は，$+1$ または $-1$ の値をとり，時間領域上で偶関数と奇関数が定義されている（図 n.1.1）．ここで，Walsh 関数を $\mathrm{Wal}(i,t)$ と表すと，フーリエ級数展開と同様に，任意の信号 $g(t)$ は次のように Walsh 級数展開できる．

$$g(t) = A_0 \, \mathrm{Wal}(0,t) + \sum_{i=1}^{M} \{A_i \, \mathrm{Wal}(2i,t) + B_i \, \mathrm{Wal}(2i-1,t)\} \tag{n.1.17}$$

$$A_0 = \frac{1}{T} \int_0^T g(t) \, dt \tag{n.1.18}$$

$$A_i = \frac{2}{T} \int_0^T g(t) \, \mathrm{Wal}(2i,t) \, dt \tag{n.1.19}$$

$$B_i = \frac{2}{T} \int_0^T g(t) \, \mathrm{Wal}(2i-1,t) \, dt \tag{n.1.20}$$

上式において，$A_0, A_i$ は偶関数の係数，$B_i$ は奇関数の係数，また，$T$ は信号 $g(t)$ の観測区間に対応する．Walsh 関数を基底とした上記の級数展開において，各成分が含まれる度合いをスペクトルと定義したものが Walsh スペクトルである．

フーリエ変換は，定常確率過程の信号解析に向いているのに対して，Walsh 関数を適

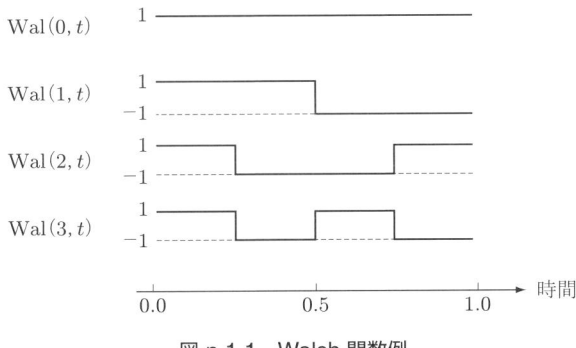

図 n.1.1　Walsh 関数例

用した手法では，不連続的，あるいは過渡的な変動解析に有効である．Walsh 関数を用いた信号解析については，ディジタル信号やディジタルデータ伝送の解析分野において多くの適用例がある．

## 1.7　観測信号の線形モデル

信号解析において，数学的手段による信号列のモデル化は重要な役割を果たす．ここで，観測信号や確率システムの表現・解析方法は，有限個のパラメータを用いるパラメトリックモデルと，無限個のパラメータを仮定するなど内部構造の設定が困難なノンパラメトリックモデルに大別される．前節までに示したフーリエ解析手法はノンパラメトリックモデルに対応するが，以下では，有限個のパラメータに基づいて観測信号を表現するパラメトリックモデルについて説明する．

時系列的に変動する信号（時系列信号）を有限個のパラメータで表現するパラメトリックモデルは，信号自身の過去の情報を用いて表現する手法が最初に考案された．図 1.14 に，太陽黒点の長期的な変動推移を示す．図より，太陽活動には一定の周期性が存在することがわかる．

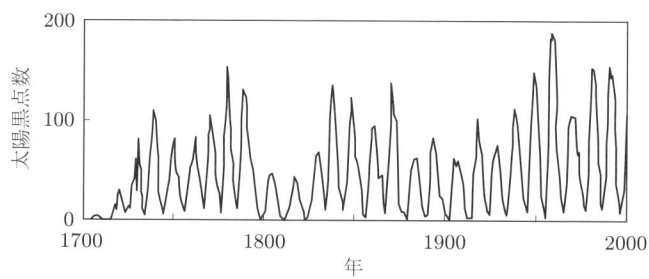

図 1.14　太陽黒点の推移

こうした周期的変動をもつ現象をモデル化する試みの一つとして，1920 年代に，数学者 G.U. Yule が太陽黒点の変動解析へ導入した自己回帰モデル（AR モデル）がパラメトリックモデルの出発点とされる．今日，本分野は，信号の周波数解析だけではなく，確率システムの入出力応答を記述するシステム同定（system identification）問題やシステム制御など，様々な領域へと展開している．

さて，このような信号列のモデル化手法は，線形性を前提とする線形モデルと，非線形的な状態を想定した非線形モデルに大別される（⇒ p.25 Note 1.4）．本節では，線形モデルについて，代表的なモデル化手法の定義と概要を述べる．

### 1.7.1 信号の定常性を前提とした線形定常モデル

線形モデルは，対象とする信号列が線形結合の和として表現され，過去の値よりある時刻の値を予測する形式となることから，線形予測モデルともよばれる．代表的なものとして，AR モデル，MA モデル，ARMA モデルなどが提案されている．

#### (1) AR (auto-regressive) モデル

AR モデル（自己回帰モデル）は，信号自身の過去から現在の線形結合を用いた数学的なモデル化手法である．図 1.15 に示すようなある信号列 $x(i)$ $(i = 0, 1, 2, \cdots)$ を仮定する．このとき，ある時刻 $n$ における信号 $x(n)$ を，過去 $p$ 個の値を用いて表現すると，次式によりモデル化される．

$$x(n) + a_1 x(n-1) + a_2 x(n-2) + a_3 x(n-3) + \cdots + a_p x(n-p) = e(n) \quad (1.27)$$

あるいは，

$$x(n) = -\sum_{i=1}^{p} a_i x(n-i) + e(n) \quad (1.27)'$$

ここで，$a_i$ は自己回帰係数，あるいは，線形予測符号化（LPC；linear predictive coding）係数とよばれ，$e(n)$ はモデルでは表現しきれない残差に相当する．また，$p$ は次数として定義され，上式は AR($p$) モデルともよばれる．最適な次数 $p$ と自己回帰係数を決定するためのモデル推定処理を行う際には，ユール‐ウォーカー（Yule-Walker）法などの手法が利用される（⇒ p.25 **Note** 1.5）．

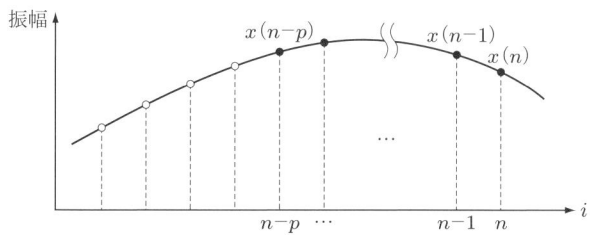

図 1.15 過去から現在までのある信号列の例

#### (2) MA (moving average) モデル

MA モデル（移動平均モデル）は，次式に示すように，ある時刻 $n$ における信号 $x(n)$ が，インパルス信号 $u(n)$（あるいは雑音）の線形結合で表現されるモデル化手法である．

$$x(n) = b_0 u(n) + b_1 u(n-1) + b_2 u(n-2) + \cdots + b_q u(n-q) + \mu \tag{1.28}$$

あるいは，

$$x(n) = \sum_{i=0}^{q} b_i u(n-i) + \mu \tag{1.28}'$$

ここで，$b_i$ は移動平均係数，$\mu$ は定数となる（$\mu = 0$ とする場合も多い）．$q$ は次数に相当し，上記は MA($q$) モデルともよばれる．AR モデルでは，時刻 $n$ の出力を得る際に，時刻 $n$ の入力が利用できないため，$i \geq 1$ となっているが，MA モデルでは，時刻 $n$ の出力を得る際に時刻 $n$ の入力を利用できるため，$i \geq 0$ という条件に設定されている．

なお，MA モデルは，実際の観測信号のモデルとしての適用ではなく，理論的な考察，あるいは次に示す ARMA モデルへの布石として有効である．

### (3) ARMA (auto-regressive moving-average) モデル

上述した AR モデルと MA モデルより構成される ARMA モデル（自己回帰移動平均モデル）は，ある時刻 $n$ における信号 $x(n)$ が，過去の自分自身と誤差 $e(n)$ の線形結合により表現される．

$$\begin{aligned} x(n) + a_1 x(n-1) + a_2 x(n-2) + a_3 x(n-3) + \cdots + a_p x(n-p) \\ = b_0 e(n) + b_1 e(n-1) + b_2 e(n-2) + \cdots + b_q e(n-q) + \mu \end{aligned} \tag{1.29}$$

あるいは，

$$x(n) = -\sum_{i=1}^{p} a_i x(n-i) + \sum_{i=0}^{q} b_i e(n-i) + \mu \tag{1.29}'$$

$p, q$ が次数に相当し，ARMA($p, q$) モデルともよばれる．ARMA モデルは，AR モデルに過去の誤差を含めたモデル化手法であるが，実際の処理では，過去の誤差は観測されないため白色雑音として扱うのが一般的である．

なお，その他のモデルとして，多変数（多変量）を扱う多変数 AR モデル（多変量 AR モデル）や，多変数 ARMA モデル（多変量 ARMA モデル）なども提案されている．多変数モデルでは，変数間の相互関係性を前提としており，変数間の相関性が高いシステム制御などの領域で適用例が見られる．

### 1.7.2 信号の定常性を前提としないモデル

前項で示した AR モデル，MA モデル，ARMA モデルは，対象とする信号が定常性・弱定常性をもつことを前提としている．すなわち，平均値，分散などの統計的な性質が観測時刻によらず一定であることを仮定しており，非定常な信号に対しては，差分変換や対数変換などにより，トレンド成分を除去する処理を行う必要がある．

時系列信号の差分演算子（$\Delta^d x(n) = x(n) - x(n-d)$，$d$ は階差）を用いたモデル化手法の例としては，ARIMA（autoregressive integrated moving average，自己回帰和分移動平均）モデルなどが挙げられる．

> **Note 1.4 線形性と非線形性**
>
> ある関数について，重ね合わせの原理が成立する場合，その関数は線形であるという．また，ある系（システム）において，入力信号と出力信号の間に重ね合わせの原理が成立する場合，そのシステムは線形システムとよばれる．
>
> ここで，写像関数を $f$ とおくと，任意の $x, y, a$ に対して，重ね合わせの原理は以下のようにまとめられる．
>
> ① $f(ax) = af(x)$
> ② $f(x + y) = f(x) + f(y)$
>
> 重ね合わせの原理が成立せず，線形性が当てはまらない場合は，非線形となり，対象とする関数やシステムは，より複雑な動きを見せることになる．

> **Note 1.5 AR モデルの自己回帰係数の導出原理**
>
> 前述したように，ある信号 $x(n)$ に対する AR モデルは，自己回帰係数 $a_i$ と次数 $p$ を用いて，式 (1.27)′ で表現される．
>
> $$x(n) = -\sum_{i=1}^{p} a_i x(n-i) + e(n)$$
>
> ここで，$e(n)$ は残差に相当するが，未知の自己回帰係数 $a_i$ の導出に際しては，平均二乗誤差を最小にするという基準を採用する．このとき，平均二乗誤差は，$E$ を期待値として，次式で与えられる．
>
> $$E[e(n)^2] = E\left[\left\{x(n) + \sum_{i=1}^{p} a_i x(n-i)\right\}^2\right] \tag{n.1.21}$$
>
> 上式の最小値を得るには，各次数 $p$ について，$a_i$ $(i = 1, 2, \cdots, p)$ で偏微分した値が 0 となるような条件を考える．すなわち，$\partial E[e(n)^2]/\partial a_i = 0$ より，
>
> $$E[2e(n)x(n-i)] = E\left[2\left\{x(n) + \sum_{k=1}^{p} a_k x(n-k)\right\}x(n-i)\right] = 0 \tag{n.1.22}$$

となり，これより，$R_{xx}$ を自己相関関数として，

$$R_{xx}(i) + \sum_{k=1}^{p} a_k R_{xx}(i-k) = 0 \quad (i = 1, 2, \cdots, p) \tag{n.1.23}$$

が得られる．さらに，行列表現では，次式が成立する．

$$\begin{pmatrix} R_{xx}(0) & R_{xx}(1) & R_{xx}(2) & \cdots & R_{xx}(p-1) \\ R_{xx}(1) & R_{xx}(0) & R_{xx}(1) & \cdots & R_{xx}(p-2) \\ R_{xx}(2) & R_{xx}(1) & R_{xx}(0) & \cdots & R_{xx}(p-3) \\ \vdots & \vdots & \vdots & & \vdots \\ R_{xx}(p-1) & R_{xx}(p-2) & R_{xx}(p-3) & \cdots & R_{xx}(0) \end{pmatrix} \begin{pmatrix} a_1 \\ a_2 \\ a_3 \\ \vdots \\ a_p \end{pmatrix}$$

$$= - \begin{pmatrix} R_{xx}(1) \\ R_{xx}(2) \\ R_{xx}(3) \\ \vdots \\ R_{xx}(p) \end{pmatrix} \tag{n.1.24}$$

この式はユール‐ウォーカー方程式とよばれており，次数 $p$ を変化させながら，最適な自己回帰係数を決定する．このとき，次数 $p$ 自体も未知の値であり，その推定に際しては，最終予測誤差規範（FPE）あるいは，それと等価な AIC（赤池情報量基準）などの指標（⇒ p.50 **Note** 2.2）が用いられる．

なお，線形予測モデルの概念は，信号の周波数解析にも応用可能であり，音声処理分野などで広く適用されている（2.3 節参照）．

## 演習問題

**1.1** 自然界や日常環境において観測される非確定的信号に関して，周期的信号と非周期的信号の具体例を示せ．

**1.2** 20 Hz～30 kHz の周波数成分を含むアナログ信号を離散化（標本化）して，ディジタル信号を生成する状況を考える．このとき，元のアナログ信号を完全に再現するためには，どのような条件（サンプリング周期）で標本化すればよいか．

**1.3** 平均と標準偏差がそれぞれ $\mu, \sigma$ の母集団より，大きさ $n$ の標本（サンプル）を抽出するとき，標本に関する平均と標準偏差の推定値を求めよ．

**1.4** 式 (1.5) の関係が次式に対応することを確認せよ．

$$\mathrm{var}(x) = \frac{1}{N} \left\{ \sum_{i=1}^{N} x^2(i) \right\} - \overline{x}^2$$

**1.5** 確率変数 $x$ が区間 $a \leqq x \leqq b$（ただし，$b > a$）においてのみ一様に分布するとき，確

率密度関数 $p(x)$ を求めよ．
- 1.6 相互相関関数について，$R_{xy}(k) = R_{yx}(-k)$ が成立することを確認せよ．
- 1.7 問図 1.1 に示される周期信号 $g(\theta)$ のフーリエ係数を導出せよ．

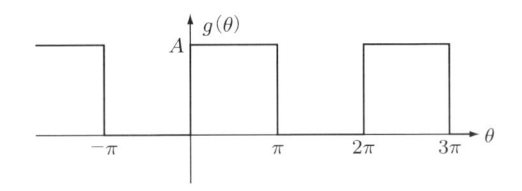

問図 1.1

- 1.8 実数値をとる関数 $f(t)$ のフーリエ係数を $a_n, b_n$ とする．このとき，$f(t)$ の複素フーリエ係数 $c_n$ の絶対値と偏角を，フーリエ係数 $a_n, b_n$ を用いて表現せよ．
- 1.9 AR モデル，MA モデル，ARMA モデルを時間遅れ演算子 $z^{-1}$（$z$ 変換）を用いて表現せよ．なお，時間遅れ演算子 $z^{-1}$（$z$ 変換）については，2.1.4 項参照のこと．

# 第 2 章 信号の周波数解析（1）：基本編

第1章で示したように，われわれが観測対象とする信号は，多種多様なタイプが存在し，それぞれ特有の変動特性をもつ．今日，このような各種信号がもつ周波数変動を明らかにすることを目的とした周波数解析（スペクトル解析）は，信号特性を把握するうえで非常に重要な役割を果たしている．周波数解析に関しては，フーリエ変換に基づく解析手法がもっとも代表的であり，これまで様々な領域で幅広く利用されている．その一方，フーリエ変換に基づく周波数解析は，有限長の信号を切り出す際の誤差の問題などの課題もあり，線形予測モデルをベースとするほかの解析手法なども目的に応じて適用される．

本章では，観測信号の周波数特性を把握する際の代表的な解析手法として，フーリエ変換と，線形予測モデルに基づく手法を学ぶ．

## 2.1 フーリエ変換

1.6節では，フーリエ級数展開の定義と概要を述べた．フーリエ級数展開は，任意の周期信号の表現手法とみなすことができるが，信号周期を無限大に拡張して周波数解析へ適用した概念がフーリエ変換（Fourier transform）である．

本節では，フーリエ変換の定義と特徴，さらには，実際にコンピュータ上で信号列を扱うために用いられる離散フーリエ変換や高速フーリエ変換について整理する．

### 2.1.1 フーリエ変換とは

実際にわれわれが観測する信号には，様々な周期の変動成分が含まれる．信号に含まれる振動周期の度合い，すなわち周波数変動を把握するために用いるのが周波数解析であり，フーリエ変換がもっとも代表的な手法である．

前述したように，フーリエ級数展開は，任意の周期信号に適用されていたが，周期性がないような信号にまで拡張したものがフーリエ変換である．このとき，周期 $T \to \infty$ $(1/T \to 0)$ と仮定すると，フーリエ級数において定義される線スペクトルの周波数間隔は0に近づき，連続的なスペクトルが得られる．図 2.1 は，フーリエ係数とフーリエ変換によるスペクトル（連続スペクトル，あるいは周波数スペクトル）の関係を示

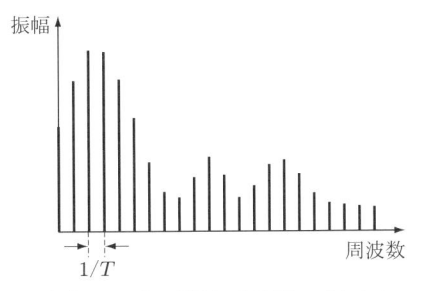

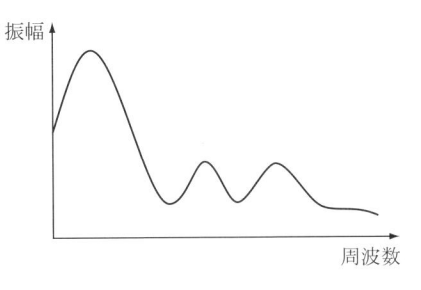

(a) フーリエ係数による線スペクトル　　(b) フーリエ変換による連続スペクトル

**図 2.1** フーリエ級数の振幅（線スペクトル）とフーリエ変換によるスペクトルの関係

しており，フーリエ係数による線スペクトルが，フーリエ変換による連続スペクトルと密接な関係にあることがわかる．ここで，信号 $g(t)$ のフーリエ変換は，角周波数 $\omega$ または周波数 $f$ に関して，次式により定義される．

$$\mathcal{F}[g(t)] = G(\omega) = \int_{-\infty}^{\infty} g(t)e^{-j\omega t}\,dt \tag{2.1}$$

あるいは，$\omega = 2\pi f$ として，

$$\mathcal{F}[g(t)] = G(f) = \int_{-\infty}^{\infty} g(t)e^{-j2\pi ft}\,dt \tag{2.1}'$$

（ただし，積分条件として $\int_{-\infty}^{\infty} |g(t)|\,dt < \infty$ の成立が前提）

上式は，周期信号に適用される複素フーリエ係数の導出式 (1.26) に対応しており，周期 $T$ を極限まで長く設定した条件に置き換えて理解することができる．定義式からわかるように，時間関数 $g(t)$ と $e^{-j\omega t}\,(= e^{-j2\pi ft})$ の内積の形式でフーリエ変換が与えられ，時間関数（信号 $g(t)$）に含まれている周波数成分（周波数スペクトル）を抽出する処理がフーリエ変換にあたる．

周波数領域のスペクトルから時間領域の信号 $g(t)$ を求める操作を逆フーリエ変換（あるいはフーリエ逆変換）とよび，次式で与えられる．

$$\mathcal{F}^{-1}[G(\omega)] = g(t) = \frac{1}{2\pi}\int_{-\infty}^{\infty} G(\omega)e^{j\omega t}\,d\omega \tag{2.2}$$

あるいは，

$$\mathcal{F}^{-1}[G(f)] = g(t) = \int_{-\infty}^{\infty} G(f)e^{j2\pi ft}\,df \tag{2.2}'$$

フーリエ変換の基本的な性質を表2.1にまとめる．フーリエ変換により導出される

表2.1 フーリエ変換の性質

| 性　質 | 証明と補足説明 |
|---|---|
| (a) 線形性：<br>　$\mathcal{F}[ag_1(t) + bg_2(t)]$<br>　$= a\mathcal{F}[g_1(t)] + b\mathcal{F}[g_2(t)]$ | $\mathcal{F}[ag_1(t) + bg_2(t)] = \int_{-\infty}^{\infty} \{ag_1(t) + bg_2(t)\}e^{-j\omega t}\,dt$<br><br>$= \int_{-\infty}^{\infty} ag_1(t)e^{-j\omega t}\,dt + \int_{-\infty}^{\infty} bg_2(t)e^{-j\omega t}\,dt$<br><br>$= a\mathcal{F}[g_1(t)] + b\mathcal{F}[g_2(t)]$ |
| (b) 相似性：<br>　$\mathcal{F}[g(at)] = \dfrac{1}{\|a\|} G\left(\dfrac{\omega}{a}\right)$<br>　（ただし，$a \neq 0$） | $\mathcal{F}[g(at)] = \int_{-\infty}^{\infty} g(at) e^{-j\omega t}\,dt$<br><br>において，$u = at$ とおくと，$t = u/a,\ dt = (1/a)du$ であり，$a > 0$，$a < 0$ の各条件について整理すると得られる． |
| (c) 推移特性：<br>　$\mathcal{F}[g(t - t_0)]$<br>　$= G(\omega)e^{-j\omega t_0}$ | $\mathcal{F}[g(t - t_0)] = \int_{-\infty}^{\infty} g(t - t_0) e^{-j\omega t}\,dt$<br><br>において，$u = t - t_0$ とおくと，$dt = du$ であり，<br><br>$\mathcal{F}[g(u)] = \int_{-\infty}^{\infty} g(u) e^{-j\omega(u + t_0)}\,du$<br><br>$= \int_{-\infty}^{\infty} g(u) e^{-j\omega u}\,du\, e^{-j\omega t_0}$<br><br>$= G(\omega) e^{-j\omega t_0}$ |
| (d) 畳み込み定理：<br>　$\mathcal{F}[g_1(t) * g_2(t)]$<br>　$= G_1(\omega) G_2(\omega)$ | 畳み込み積分（コンボリューション）で関係づけられる信号<br><br>$g_1(t) * g_2(t) = y(t) = \int_{-\infty}^{\infty} g_1(\tau) g_2(t - \tau)\,d\tau$<br><br>のフーリエ変換を実行すると，次式の関係が得られる．<br><br>$Y(\omega) = \int_{-\infty}^{\infty} y(t) e^{-j\omega t}\,dt$<br><br>$= \int_{-\infty}^{\infty}\int_{-\infty}^{\infty} g_1(\tau) g_2(t - \tau)\,d\tau\, e^{-j\omega t}\,dt$<br><br>$= \int_{-\infty}^{\infty}\int_{-\infty}^{\infty} g_1(\tau) g_2(t - \tau)\,d\tau\, e^{-j\omega \tau} e^{-j\omega(t-\tau)}\,dt$<br><br>$= \int_{-\infty}^{\infty}\int_{-\infty}^{\infty} g_1(\tau) g_2(t')\,d\tau\, e^{-j\omega \tau} e^{-j\omega t'}\,dt'$<br><br>$= \int_{-\infty}^{\infty} g_1(\tau) G_2(\omega) e^{-j\omega \tau}\,d\tau = G_1(\omega) G_2(\omega)$ |

| | |
|---|---|
| (e) パーセバルの定理： $$\int_{-\infty}^{\infty}|g(t)|^2\,dt$$ $$=\frac{1}{2\pi}\int_{-\infty}^{\infty}|G(\omega)|^2 d\omega$$ | $$\begin{aligned}\frac{1}{2\pi}\int_{-\infty}^{\infty}|G(\omega)|^2 d\omega &= \frac{1}{2\pi}\int_{-\infty}^{\infty}G(\omega)G^*(\omega)d\omega \\ &= \frac{1}{2\pi}\int_{-\infty}^{\infty}\left\{\int_{-\infty}^{\infty}g(t)e^{-j\omega t}\,dt\right\}G^*(\omega)d\omega \\ &= \int_{-\infty}^{\infty}\left\{\frac{1}{2\pi}\int_{-\infty}^{\infty}G^*(\omega)e^{-j\omega t}d\omega\right\}g(t)\,dt \\ &= \int_{-\infty}^{\infty}g^*(t)g(t)\,dt = \int_{-\infty}^{\infty}|g(t)|^2\,dt\end{aligned}$$ これは，時間領域と周波数領域のエネルギーが保存されることを示している． |
| (f) ウィナー–ヒンチンの定理： $$|G(\omega)|^2$$ $$=\int_{-\infty}^{\infty}R_{gg}(k)e^{-j\omega k}\,dk$$ ただし， $$R_{gg}(k)$$ $$=\int_{-\infty}^{\infty}g(t)g(t+k)\,dt$$ | $$\begin{aligned}\int_{-\infty}^{\infty}R_{gg}(k)e^{-j\omega k}\,dk &= \int_{-\infty}^{\infty}\left\{\int_{-\infty}^{\infty}g(t)g(t+k)\,dt\right\}e^{-j\omega k}\,dk \\ &= \int_{-\infty}^{\infty}g(t)\left\{\int_{-\infty}^{\infty}g(t+k)e^{-j\omega k}dk\right\}dt \\ &= \int_{-\infty}^{\infty}g(t)\left\{G(\omega)e^{j\omega t}\right\}dt\quad\text{(推移特性より)} \\ &= G(\omega)\int_{-\infty}^{\infty}g(t)e^{j\omega t}\,dt = G(\omega)G(-\omega) \\ &= |G(\omega)|^2\end{aligned}$$ この定理は，自己相関関数のフーリエ変換は，元信号のパワースペクトルに対応することを示している（図2.2）．同様に，二つの異なる信号の相互相関関数のフーリエ変換は，二つの信号の相互相関スペクトル（あるいは，クロススペクトル）に対応する．なお，自己相関関数をフーリエ変換する方法によりパワースペクトルを導出する方法は，Blackman-Turkey法とよばれている． |

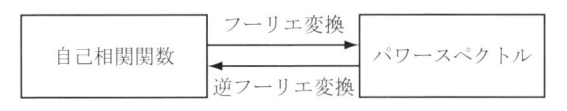

図 2.2 自己相関関数とパワースペクトルの関係

周波数スペクトルは，周波数の変化が連続的であり，前述したように連続スペクトルと表現される．この際，連続スペクトルの絶対値は振幅スペクトル，位相成分に着目した場合には，位相スペクトルとよばれる．

また，周波数スペクトルの二乗値はパワースペクトルとよばれ，対象とする周波数区間に対するパワー（電力）分布を示す（表 2.1(f) 参照）．この際，無限長の信号を想定し，観測時間を $T$ として単位時間あたりの平均値をとり，パワースペクトル密度

が次式で定義される．パワースペクトル密度は，単位周波数あたりの値に正規化したパワー分布に対応し，周波数分解能が異なる条件で求めたパワースペクトルを規格化して評価する際の指標としても利用することができる．

$$P(f) = \lim_{T \to \infty} \left\{ \frac{|G(f)|^2}{T} \right\} \quad \left(ただし，実処理上は，\frac{|G(f)|^2}{T}\right) \quad (2.3)$$

### 2.1.2 離散フーリエ変換

実際に観測される連続的な信号をコンピュータ上で扱う際には，1.2 節でも述べたように，信号を離散化する処理を行う（⇒ p.34 **Note** 2.1）．このとき，離散化した有限個の信号に対しては，離散フーリエ変換（DFT；discrete Fourier transform）が適用される．

ここで，離散信号 $g(i)$ $(i = 0, 1, 2, \cdots, N-1)$ を想定すると，周波数 $k$ に対する離散フーリエ変換は次式で定義される．

$$G(k) = \sum_{i=0}^{N-1} g(i) \exp\left(-j\frac{2\pi ki}{N}\right) \quad (0 \leqq k \leqq N-1) \quad (2.4)$$

離散フーリエ変換の表現については，上式にサンプリング時間 $dt$ をかけて定義することもできるが，規格化して省略されるケースが多い．さらに，この式を cos 成分と sin 成分に分解すると，

$$\begin{aligned}G(k) &= \sum_{i=0}^{N-1} g(i) \cos\left(\frac{2\pi ki}{N}\right) - j\sum_{i=0}^{N-1} g(i) \sin\left(\frac{2\pi ki}{N}\right) \\ &\equiv A_k - jB_k \end{aligned} \quad (2.4)'$$

と表現され，$A_k$ と $B_k$ は，離散フーリエ変換の実部と虚部に対応する．

このとき，スペクトルの大きさ $|G(k)|$ $(= \sqrt{A_k^2 + B_k^2})$ が振幅スペクトルであり，位相角 $\tan^{-1}(B_k/A_k)$ について，cos 成分に対する sin 成分の遅れ位相量として位相スペクトルを定義することができる．

同様に，スペクトル $G(k)$ から元の信号 $g(t)$ を求める操作を逆離散フーリエ変換（あるいは，離散フーリエ逆変換）とよび，次式で定義される．

$$g(i) = \frac{1}{N} \sum_{k=0}^{N-1} G(k) \exp\left(j\frac{2\pi ki}{N}\right) \quad (2.5)$$

離散フーリエ変換については，線形性，推移特性，パーセバルの定理などが表 2.1 と同様に成立する．そのほかの性質を**表 2.2** にまとめる．

表 2.2　離散フーリエ変換の性質

| 性　質 | 証明と補足説明 |
|---|---|
| (a) 周期性：<br>　$G(k) = G(N+k)$<br>　（$N$：周期） | $G(N+k)$ を考えると，<br>$$G(N+k) = \sum_{i=0}^{N-1} g(i) \exp\left\{-j\frac{2\pi(N+k)i}{N}\right\}$$<br>$$= \sum_{i=0}^{N-1} g(i) \exp\left(-j\frac{2\pi ki}{N}\right) \exp(-j2\pi i)$$<br>$$= G(k) \quad (\exp(-j2\pi i) = 1 \text{ より})$$<br>が成立し，周期 $N$ で繰り返されることがわかる．したがって，$k$ の範囲は $0 \leq k \leq N-1$ となるが，(b) のスペクトルの対称性より，$N/2-1$ 以下の領域が有効である． |
| (b) スペクトルの対称性：<br>　離散フーリエ変換の複素共役について，<br>　$G^*(k) = G(-k)$ | まず，$G(-k)$ については，<br>$$G(-k) = \sum_{i=0}^{N-1} g(i) \exp\left\{-j\frac{2\pi(-k)i}{N}\right\}$$<br>$$= \sum_{i=0}^{N-1} g(i) \cos\left(\frac{2\pi ki}{N}\right) + j\sum_{i=0}^{N-1} g(i) \sin\left(\frac{2\pi ki}{N}\right)$$<br>$$= G^*(k)$$<br>が成立する．一方，$G(N-k)$ に着目すると，<br>$$G(N-k) = \sum_{i=0}^{N-1} g(i) \exp\left\{-j\frac{2\pi(N-k)i}{N}\right\}$$<br>$$= \sum_{i=0}^{N-1} g(i) \exp\left\{-j\frac{2\pi(-k)i}{N}\right\} \exp(-j2\pi i)$$<br>$$= G(-k)$$<br>が得られる．実部と虚部については，<br>$$\mathrm{Re}[G(N-k)] = \mathrm{Re}[G(k)], \quad \mathrm{Im}[G(N-k)] = -\mathrm{Im}[G(k)]$$<br>が成立し，$G(k)$ の実部は $k=N/2$ を中心として折り返した値，$G(k)$ の虚部は $k=N/2$ を中心として折り返し，符号を反転した値となる．この性質は，離散フーリエ変換により発生するスペクトルの対称性に対応する (2.2.2 項 (1) 参照)． |

続いて，離散フーリエ変換の具体的な適用例を取り上げてみたい．次式は，二つの異なる周波数の正弦波と白色雑音 $e(t)$ が混在した信号 $g(t)$ を対象としたものであり，サンプリング周波数を 1 kHz とする．

$$g(t) = \sin 2\pi f_1 t + 0.5 \sin 2\pi f_2 t + e(t) \quad (f_1 = 200\,\text{Hz},\ f_2 = 400\,\text{Hz})$$

ここで，白色雑音のピークレベルを 0.5（条件 1），1（条件 2），2（条件 3），4（条件 4）と設定して導出した振幅スペクトル（ピーク値で規格化）を図 2.3 に示す．

これらの図より，印加した白色雑音のピークレベル設定とともに，スペクトル成分のベースラインが上昇傾向にあり，条件 4 では周波数 $f_2$ の信号識別が困難になっていることがわかる．

白色雑音については，周波数領域上において均一に分布することになるが，以上の結果は，SN 比が信号識別上の重要な条件となり得ることを示している．

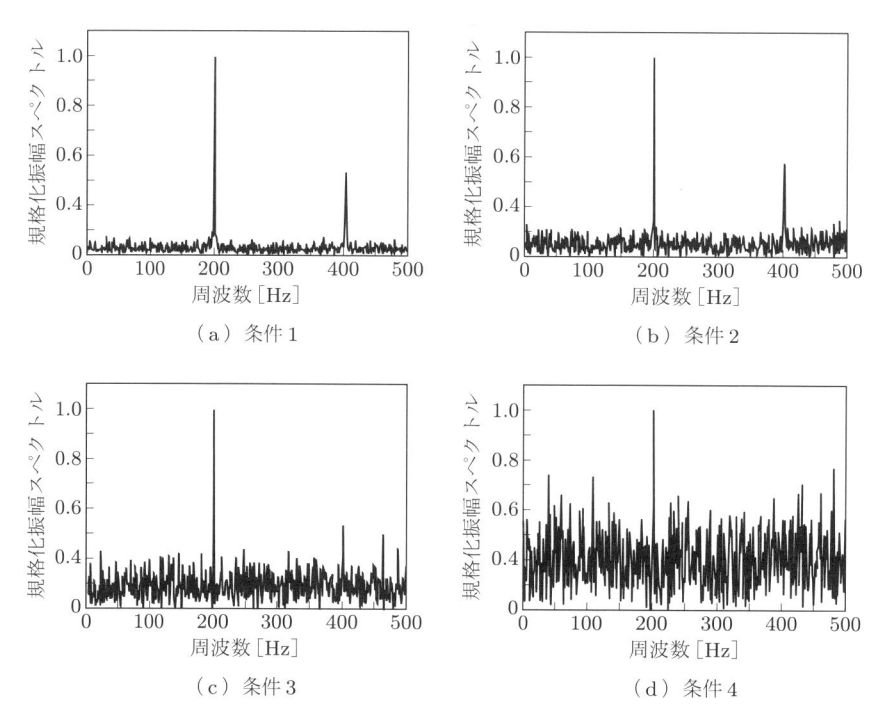

図 2.3　離散フーリエ変換の適用例

> **Note** 2.1　**スペクトルとサンプリング周波数の関係**
>
> あるアナログ信号 $g(t)$ をサンプリング間隔 $T$（サンプリング周波数 $f_s \equiv 1/T$）でサンプリングするケースを想定する．まず，サンプリング間隔 $T$ の信号列 $s_p(t)$ は，イン

パルス信号 $\delta$ を用いて，次式により表現される．

$$s_p(t) = \sum_{i=-\infty}^{\infty} \delta(t - iT) \tag{n.2.1}$$

インパルス信号列 $s_p(t)$ の複素フーリエ係数は，式 (1.26) より，

$$c_n = \frac{1}{T}\int_{-T/2}^{T/2} s_p(t) e^{-jn(2\pi/T)t}\,dt = \frac{1}{T}\int_{-T/2}^{T/2} \delta(t) e^{-jn(2\pi/T)t}\,dt = \frac{1}{T} \tag{n.2.2}$$

となる．すなわち，インパルス信号列 $s_p(t)$ の複素フーリエ級数展開は，

$$s_p(t) = \sum_{n=-\infty}^{\infty} \frac{1}{T} e^{jn(2\pi/T)t} \tag{n.2.3}$$

と表現される．

次に，複素フーリエ級数展開により表現されるインパルス信号列をフーリエ変換すると，

$$\begin{aligned}
S_p(\omega) &= \int_{-\infty}^{\infty} s_p(t) e^{-j\omega t}\,dt = \int_{-\infty}^{\infty} \left\{ \sum_{n=-\infty}^{\infty} \frac{1}{T} e^{jn(2\pi/T)t} \right\} e^{-j\omega t}\,dt \\
&= \frac{1}{T} \sum_{n=-\infty}^{\infty} \int_{-\infty}^{\infty} e^{jn(2\pi/T)t - j\omega t}\,dt = \frac{2\pi}{T} \sum_{n=-\infty}^{\infty} \delta\left(\omega - \frac{2\pi}{T} n\right)
\end{aligned} \tag{n.2.4}$$

が得られる．ここで，$f = \omega/2\pi$ の表現形式を用いると，

$$S_p(f) = f_s \sum_{n=-\infty}^{\infty} \delta(f - nf_s) \tag{n.2.5}$$

となる．

これにより，時間領域において一定のサンプリング間隔のインパルス信号列は，周波数領域上においても，一定の周波数間隔をもつ周期的な線スペクトルとなることがわかる（図 n.2.1）．

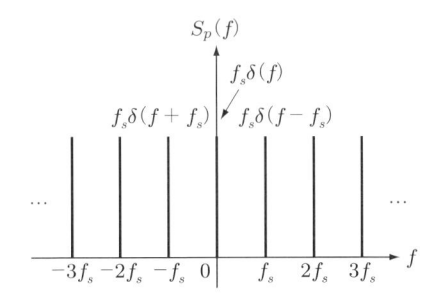

図 n.2.1　インパルス信号列とその周波数スペクトルの関係

さて，信号 $g(t)$ をインパルス信号列 $s_p(t)$ により表現したサンプル値信号 $g_s(t)$ は，

$$g_s(t) = g(t)s_p(t) = \sum_{i=-\infty}^{\infty} g(t)\delta(t-iT) = \sum_{i=-\infty}^{\infty} g(iT)\delta(t-iT) \tag{n.2.6}$$

で与えられ，その離散フーリエ変換は，

$$G_s(f) = G(f) * S_p(f) = f_s \sum_{n=-\infty}^{\infty} G(f-nf_s) \tag{n.2.7}$$

となる．

すなわち，観測される周波数スペクトルは，周波数軸上において周期的に分布する項の和となる．いま，信号 $g(t)$ がもつ最大周波数を $f_{\max}$ とすると，サンプリング処理する前後の周波数スペクトルは図 n.2.2 の関係となる．このとき，サンプリング周波数 $f_s$ の 1/2 が信号 $g(t)$ の最大周波数 $f_{\max}$ より小さい場合，スペクトル間の混信が生じ，信号分離が困難になる．したがって，この混信を避けるためには，サンプリング周波数は，解析対象とする信号の最大周波数の 2 倍以上に設定する必要がある．これが，周波数軸上のスペクトル分布から見た標本化定理の説明である．

なお，こうしたスペクトル間の混信（折り返し現象）による影響を軽減する手段として，ローパスフィルタを通して，ナイキスト周波数以上の成分をカットする手法が挙げられる．折り返し現象はエイリアシングとよばれ，この処理は，アンチエイリアスフィルタとして知られている．

（a）信号 $g(t)$ のスペクトル分布　　（b）サンプリング値信号 $g_s(t)$ のスペクトル分布

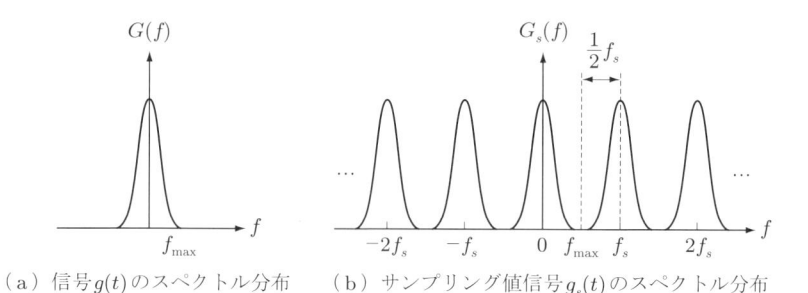

図 n.2.2　スペクトル分布とサンプリング周波数の関係例

## 2.1.3 高速フーリエ変換

高速フーリエ変換（FFT；fast Fourier transform）は，離散フーリエ変換を高速に実行するためのアルゴリズムである．高速フーリエ変換は，計算量を減らすために，指数関数の周期性を活用する．

離散フーリエ変換で用いる指数関数の部分を，

$$W_N = \exp\left(-j\frac{2\pi}{N}\right) \tag{2.6}$$

とおくと,式 (2.4) は次式で表現できる.

$$G(k) = \sum_{i=0}^{N-1} g(i) W_N{}^{ik} \tag{2.7}$$

ここで,$m = ik$ とおくと,

$$W_N{}^{ik} = W_N{}^m = \cos\left(2\pi\frac{m}{N}\right) - j\sin\left(2\pi\frac{m}{N}\right) \tag{2.8}$$

であり,この指数関数は,周期 $N$ で繰り返すことがわかる.すなわち,ある整数 $p, q$ に対して,

$$W_N{}^{(i+pN)(k+qN)} = W_N{}^{ik}$$

が成立し,離散フーリエ変換の処理過程では一致する指数関数が生じる.

時間領域におけるサンプル数 $N$ の信号列に対して,離散フーリエ変換を実行する際,$N^2$ 回の乗算と $N(N-1)$ 回の加算となり,$N$ が非常に大きいと,演算処理に膨大な計算量を要する.その演算処理を効率化するために提案された手法が高速フーリエ変換であり,指数関数の周期性に着目して計算量を大幅に減らすことができる.

ところで,演算子 $W_N$ は,複素平面上の半径 1 の単位円において回転する回転子に相当する.式 (2.7) は,回転子 $W_N$ と信号列 $g(i)$ の内積になることを意味しており,高速フーリエ変換は,この回転子 $W_N$ の周期性を活用した演算処理とみなすことができる.**図 2.4** に,サンプル数 $N = 4$ の場合について回転子 $W_N$ の周期性を示す.

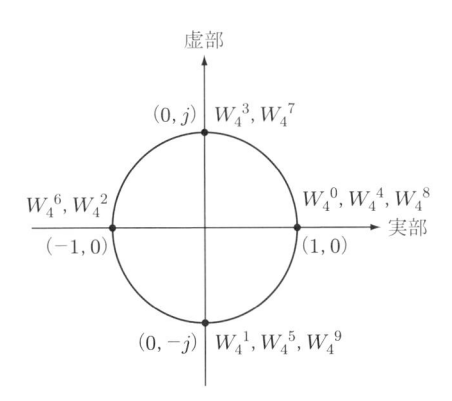

図 2.4 複素平面上の回転子 $W_N$ のイメージ($N = 4$ の場合)

$W_4{}^0 = W_4{}^4$, $W_4{}^1 = -W_4{}^3$ などの条件が成立することが確認できる.

さて,サンプル数 $N=4$ について,高速フーリエ変換の処理フローを考えてみよう.ここで,回転子 $W_4$ を用いて,式 (2.7) を行列表示すると,以下のように整理される(ただし,$W_4 = W$ とおく).

$$\begin{pmatrix} G(0) \\ G(1) \\ G(2) \\ G(3) \end{pmatrix} = \begin{pmatrix} W^0 & W^0 & W^0 & W^0 \\ W^0 & W^1 & W^2 & W^3 \\ W^0 & W^2 & W^4 & W^6 \\ W^0 & W^3 & W^6 & W^9 \end{pmatrix} \begin{pmatrix} g(0) \\ g(1) \\ g(2) \\ g(3) \end{pmatrix} \tag{2.9}$$

ここで,回転子 $W$ について,図 2.4 の関係を用いると次式となる.

$$\begin{pmatrix} G(0) \\ G(1) \\ G(2) \\ G(3) \end{pmatrix} = \begin{pmatrix} W^0 & W^0 & W^0 & W^0 \\ W^0 & W^1 & -W^0 & -W^1 \\ W^0 & -W^0 & W^0 & -W^0 \\ W^0 & -W^1 & -W^0 & W^1 \end{pmatrix} \begin{pmatrix} g(0) \\ g(1) \\ g(2) \\ g(3) \end{pmatrix}$$

$$= \begin{pmatrix} W^0\{g(0)+g(2)\} + W^0\{g(1)+g(3)\} \\ W^0\{g(0)-g(2)\} + W^1\{g(1)-g(3)\} \\ W^0\{g(0)+g(2)\} - W^0\{g(1)+g(3)\} \\ W^0\{g(0)-g(2)\} - W^1\{g(1)-g(3)\} \end{pmatrix} \tag{2.9$'$}$$

同一の項が現れるので,うまく分割することで,実質的な演算処理を大幅に減らすことができる.

続いて,サンプル数 $N$ を一般化した処理手順を改めて考えてみよう.この際,サンプル数 $N$ が偶数と仮定すると,信号 $g(i)$ $(i=0,1,\cdots,N-1)$ は,以下に示すように,二つの $N/2$ 個の信号列(偶数列,奇数列)に分割することができる.

$$g_1(i) = g(2i) \quad (i=0,1,\cdots,N/2-1) \tag{2.10a}$$

$$g_2(i) = g(2i+1) \quad (i=0,1,\cdots,N/2-1) \tag{2.10b}$$

次に,ここで定義した各信号列を用いると,離散フーリエ変換は,次式のように表現される.

$$G(k) = \sum_{i=0}^{N-1} g(i) W_N{}^{ik} = \sum_{i=0}^{N/2-1} g_1(i) W_N{}^{2ik} + \sum_{i=0}^{N/2-1} g_2(i) W_N{}^{(2i+1)k} \tag{2.11}$$

一方,

$$W_N{}^2 = \exp\left(-j\frac{2\pi}{N}\right)^2 = \exp\left(-j\frac{2\pi}{N/2}\right) = W_{N/2}$$

に着目すると，式 (2.11) は，

$$\begin{aligned}G(k) &= \sum_{i=0}^{N/2-1} g_1(i)W_{N/2}{}^{ik} + W_N{}^k \sum_{i=0}^{N/2-1} g_2(i)W_{N/2}{}^{ik} \\ &= G_1(k) + W_N{}^k G_2(k)\end{aligned} \tag{2.12}$$

となる．ここで，$G_1(k)$ と $G_2(k)$ は，それぞれ $N/2$ 点の信号列 $g_1(i)$ と $g_2(i)$ の離散フーリエ変換であり，$k$ に関して周期性を示す．

さらに，

$$W_N{}^{k-N/2} = \exp\left(-j2\pi\frac{k-N/2}{N}\right) = W_N\exp(j\pi) = -W_N{}^k \tag{2.13}$$

の性質を用いると，式 (2.12) は分割して

$$G(k) = \begin{cases} G_1(k) + W_N{}^k G_2(k) & \left(0 \leqq k \leqq \dfrac{N}{2}-1\right) & (2.14\mathrm{a}) \\ G_1\left(k-\dfrac{N}{2}\right) - W_N{}^{k-N/2} G_2\left(k-\dfrac{N}{2}\right) & \left(\dfrac{N}{2} \leqq k \leqq N-1\right) & (2.14\mathrm{b}) \end{cases}$$

と表現できる．

　式 (2.14a), (2.14b) は，$N/2$ 点の離散フーリエ変換を 2 回実施することを示しており，計 $(N^2+N)/2$ 回の処理回数となることから，元の処理に比較して約半分となる．上記の例では，信号 $g(i)$ を偶数列の $g_1(i)$ と奇数列 $g_2(i)$ に分割したが，さらに $g_1(i)$ と $g_2(i)$ の分割を繰り返すことができれば，同様に処理が効率化できる．このとき，信号 $g(i)$ のサンプル数 $N$ が $N = 2^r$（$r$：正の整数）の条件を満たせば，$N$ を分割して得られる部分数列は，やはり偶数個のサンプル数で構成され，最終的に 2 点の離散フーリエ変換となった時点で高速フーリエ変換アルゴリズムが終了する．

　サンプル数 $N = 2^r$（$r$：正の整数）の条件時は，回転子 $W_N$ の周期性により，乗算回数は $Nr/2$，加算回数は $Nr$ となり，全体の処理時間が大きく削減できる．

### 2.1.4　$z$ 変換

　ある信号列 $x(n)$ $(n = 0, 1, 2, \cdots)$ が与えられたときの $z$ 変換（$z$-transform）は，次式で定義される．

$$\mathcal{Z}[x(n)] = X(z) = x(0)z^0 + x(1)z^{-1} + x(2)z^{-2} + \cdots + x(n)z^{-n} + \cdots$$
$$= \sum_{n=0}^{\infty} x(n)z^{-n} \tag{2.15}$$

ここで，式 (2.15) において $z^{-1}$ は，サンプリング時間の遅延操作（時間シフト）を表現し，離散フーリエ変換において，$z = e^{j\omega} (= e^{j2\pi k})$ で置き換えたものが $z$ 変換に対応する．この際，定義式からも，$z$ 変換において定義される演算子 $z$ は，高速フーリエ変換で扱った回転子 $W_N$ に対応することがわかる．$z$ 変換の代表的な性質を，**表 2.3** に示す．

$z$ 変換は，信号列 $x(n)$ から複素平面への写像に対応しており，$z$ を図 **2.5** に示す複

表 2.3　$z$ 変換の性質

| 性　質 | 証明と補足説明 |
| --- | --- |
| (a) 線形性：<br>$\mathcal{Z}[ax_1(n) + bx_2(n)]$<br>$= aX_1(z) + bX_2(z)$ | $\mathcal{Z}[ax_1(n) + bx_2(n)] = a\mathcal{Z}[x_1(n)] + b\mathcal{Z}[x_2(n)]$<br>$= aX_1(z) + bX_2(z)$ |
| (b) 推移特性（時間遅れ）：<br>$\mathcal{Z}[x(n-k)] = X(z)z^{-k}$ | 信号列 $x(n)\ (n = 0, 1, 2, \cdots)$ を 1 ステップ遅延させた信号列の $z$ 変換は，<br>$x(-1)z^0 + x(0)z^{-1} + x(1)z^{-2} + \cdots + x(n-1)z^{-n} + \cdots$<br>$= X(z)z^{-1}$<br>同様に $k$ ステップ遅延させると，<br>$\mathcal{Z}[x(n-k)] = X(z)z^{-k}$ |
| (c) 畳み込み定理：<br>$\mathcal{Z}[x_1(n) * x_2(n)]$<br>$= X_1(z)X_2(z)$ | 畳み込み和で表現される信号列<br>$x_1(n) * x_2(n) = y(k) = \sum_{i=0}^{k} x_1(i)x_2(k-i)$<br>の両辺を $z$ 変換すると，<br>$Y(z) = \sum_{k=0}^{\infty} y(k)z^{-k} = \sum_{k=0}^{\infty} \sum_{i=0}^{k} x_1(i)x_2(k-i)z^{-k}$<br>$= \sum_{i=0}^{\infty} \sum_{n=0}^{\infty} x_1(i)x_2(n)z^{-(i+n)}$<br>$= \sum_{i=0}^{\infty} x_1(i)z^{-i} \sum_{n=0}^{\infty} x_2(n)z^{-n}$<br>$= X_1(z)X_2(z)$ |

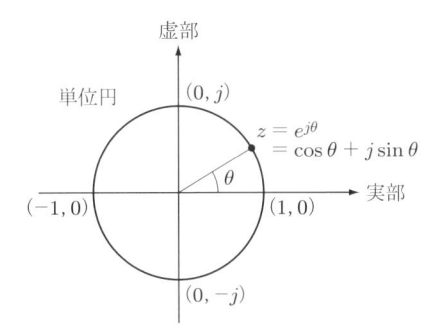

図 2.5 複素平面上の単位円

素平面の単位円（$|e^{j\theta}|=1$）上に限定したものが離散フーリエ変換であるとみなすことができる．

$z$ 変換は離散システムの表現に有効な手法であり，システムの安定性解析や過渡応答解析などに幅広く用いられている．

## 2.2 フーリエ変換に基づく周波数解析

実際に観測した信号の特徴を把握するうえで，周波数解析は非常に重要な手段となる．この際，時間領域の観測信号に含まれる周波数成分を解析するためのもっとも代表的な手法が，2.1 節で説明したフーリエ変換である．

本節では，フーリエ変換を用いて実際の観測信号の周波数解析を行う際の処理手順について述べる．

### 2.2.1 フーリエ変換の適用

信号に含まれる振動周期の度合い，すなわち周波数変動を把握するために用いるのが周波数解析であり，現在，フーリエ変換がもっとも代表的な手法として知られている．フーリエ変換は，2.1 節でも示したように，時間領域の信号 $g(t)$ と関数 $e^{-j2\pi ft}$（$f$：周波数）の内積により，任意の周波数成分がどの程度含まれているかを解析する処理とみなすことができる．

ここで，実際に観測した離散化信号 $g(i)$（$i=0,1,2,\cdots,N-1$）をコンピュータ上で処理する際は，2.1 節で示した離散フーリエ変換（DFT）や高速フーリエ変換（FFT）が基本となる．

## 2.2.2 周波数解析の手順

離散フーリエ変換や高速フーリエ変換を用いて実際の観測信号を解析する際には，いくつかの留意点がある．

以下では，コンピュータ上で離散化した信号を処理する場合の手順を述べる．

### (1) 信号の解析条件の確認

標本化定理（⇒ 1.2.2 項，および p.34 **Note** 2.1）によれば，アナログ信号を AD 変換する際のサンプリング間隔は，元の信号がもつ最高周波数の 2 倍以上に設定しなければならない．この条件を満足しない場合には，対象とする信号列は，元の信号の変動特性を正確に再現することはできない．

なお，解析対象とする時間区間を広げるほど，時間軸上で緩やかに変動する信号周期を検出できる（解析可能な最低周波数 $f_{\min} = 1/$時間区間幅 $T$）．一方で，解析対象とする時間幅（あるいはサンプル数）の増加は，計算量の増加を意味する．したがって，信号のサンプル数が多い場合には，高速フーリエ変換を用いるのが効率的であり，サンプル数 $N = 2^r$（$r$：整数）に設定するのが望ましい．

ここで，サンプリング周波数が $f_s$ であるとき，標本化定理により，得られる周波数の上限は $f_s/2$ に限られる．また，表 2.2(b) に示したように，離散フーリエ変換や高速フーリエ変換を実行して得られる周波数スペクトルは，$f_s/2$ を中心として左右対称になる．したがって，解析結果において実際に有効な周波数領域は，得られるポイント数の半分以下の配列要素となる．

図 2.6 に，信号の元の周波数スペクトルと離散フーリエ変換や高速フーリエ変換より得られる周波数スペクトルの関係を示す．この図からも，離散フーリエ変換や高速フーリエ変換により得られる周波数スペクトルは，標本化周波数の 1/2 以下の周波数領域が有効であることがわかる．

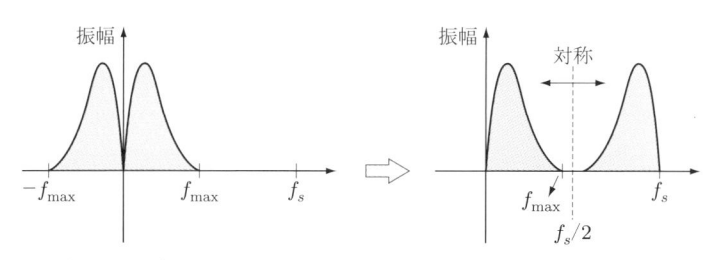

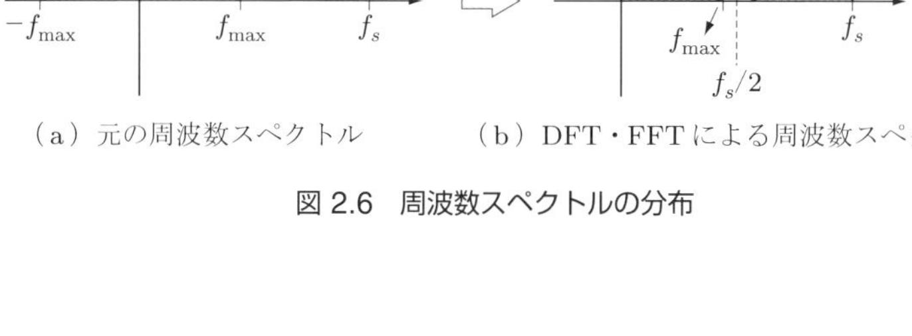

(a) 元の周波数スペクトル　　(b) DFT・FFT による周波数スペクトル

図 2.6　周波数スペクトルの分布

## (2) 信号のトレンド成分の除去

解析対象とする信号には，サンプル数より長い周期をもつトレンドラインがしばしば含まれる．ここで，たとえば，対象とする信号が時間とともに上昇し続けるようなケースで，そのトレンドライン上に重畳した振動成分を解析したい場合，前処理として，トレンドラインを除去するのが望ましい．こうした前処理については，任意の時間領域に直線近似を当てはめるなどしてトレンドを抽出する手法などが代表例として挙げられるが，個々の信号波形の特徴や目的に応じて，トレンドラインの抽出法を検証することが重要である．

## (3) 窓関数の利用

信号の周波数解析に際して，信号を切り出す時間区間が適切でない場合，解析誤差を生じることがある．図 2.7 は，正弦波に離散フーリエ変換を適用する概念図を示している．図 (a) では，正弦波の周期の整数倍の区間を取り出しており，周波数解析の結果として，正弦波がもつ周波数成分のみが算出されている．一方，図 (b) では，同じ正弦波について，非周期区間の信号を取り出した結果として，正弦波がもつ周波数以外の成分が現れる結果となっている．すなわち，後者では，切り出した正弦波の不連続点が生じる結果として，解析誤差（ギブス現象）が発生する．このような不連続点による解析誤差を減らす手段として，時間領域の信号に対して窓関数が適用される．

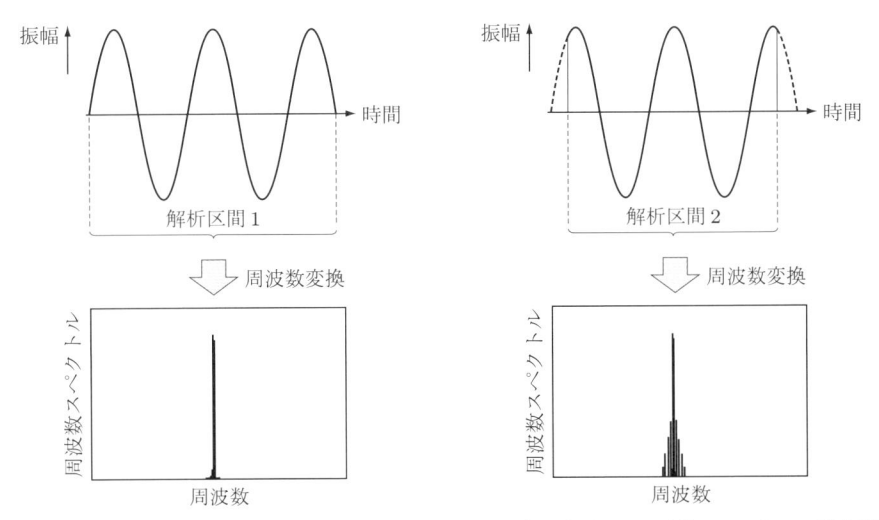

（a）時間波形から周波数スペクトルの導出例1　　（b）時間波形から周波数スペクトルの導出例2

図 2.7　正弦波の周波数解析

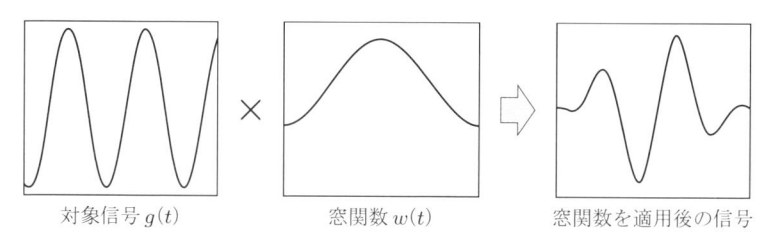

図2.8 窓関数の適用

ある信号に対して窓関数を用いた例を図2.8に示す．窓関数を適用することで，解析対象とする信号端における不連続性を軽減して滑らかにする．解析信号に窓関数を適用した場合では，窓関数の特性によるひずみが発生する可能性があるが，有限の時間区間における打ち切り誤差を少なくする観点からも窓関数を適用するのが一般的である．

代表的な窓関数の定義と特徴を表2.4に，それぞれの形状を図2.9に示す．

表2.4 代表的な窓関数

| 窓関数 | 定義と特徴 |
|---|---|
| (a) 方形窓（矩形波窓） | $w(n) = \begin{cases} 1 & (0 \leq n < N-1) \\ 0 & (その他) \end{cases}$<br>入力信号を単純に切り出す窓関数であり，不連続点の処理は実施しない．切り出した時間区間が信号周期に一致する場合に誤差は少なくなる．しかし，通常の切り出し処理では，信号周期に必ずしも一致するわけではなく，解析誤差が増加する可能性が高い． |
| (b) ハニング窓 | $w(n) = \begin{cases} 0.5 - 0.5\cos\left(\dfrac{2\pi n}{N-1}\right) & (0 \leq n < N-1) \\ 0 & (その他) \end{cases}$<br>中央値が1の波形になっており，主成分の周波数分解能はやや劣るが，サイドローブが比較的小さいため，小電力信号のスペクトルを検出するのに向いている． |
| (c) ハミング窓 | $w(n) = \begin{cases} 0.54 - 0.46\cos\left(\dfrac{2\pi n}{N-1}\right) & (0 \leq n < N-1) \\ 0 & (その他) \end{cases}$<br>窓の両端の値が0となり，実質的にその信号成分がスペクトルに反映されないというハニング窓の欠点に修正を加えたタイプ．主成分の周波数分解能はやや劣るが，近接した周波数成分の分離には適している． |
| (d) ブラックマン窓 | $w(n) = \begin{cases} 0.42 - 0.5\cos\left(\dfrac{2\pi n}{N-1}\right) + 0.08\left(\dfrac{4\pi n}{N-1}\right) & (0 \leq n < N-1) \\ 0 & (その他) \end{cases}$<br>サイドローブの減衰特性が良く，周波数を隔てた信号間の分離には有効である．しかし，近接した信号間の分離には制約がある． |

(a) 方形窓　　(b) ハニング窓　　(c) ハミング窓　　(d) ブラックマン窓

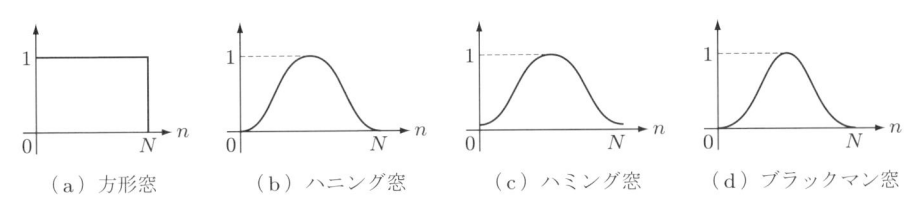

図 2.9　窓関数の形状

## (4) 信号解析の実行

打ち切り誤差の軽減を目的として窓関数を適用するには，観測信号 $g(t)$ に窓関数を積算する．ここで，窓関数を $w(t)$ とすると，フーリエ変換と離散フーリエ変換の処理が，次式により表現される．

- 連続系の表現：
$$G(f) = \int_{-\infty}^{\infty} g(t)w(t)e^{-j2\pi ft}dt \tag{2.16a}$$

- 離散系の表現〔$g(i)\ (i = 0, 1, 2, \cdots, N-1)$〕：
$$G(k) = \sum_{i=0}^{N-1} g(i)w(i)\exp\left(-j\frac{2\pi ki}{N}\right)$$
$$(0 \leqq k \leqq N-1) \tag{2.16b}$$

ここで，離散化時の表現は，上式にサンプリング時間 $dt$ をかけて定義することも可能であるが，上式では規格化して省略している．

なお，式 (2.16a) に着目すると，

$$\begin{aligned} G(f) &= \int_{-\infty}^{\infty} \left\{\int_{-\infty}^{\infty} G(f_0)e^{j2\pi f_0 t}df_0\right\} w(t)e^{-j2\pi ft}\,dt \\ &= \int_{-\infty}^{\infty} G(f_0) \int_{-\infty}^{\infty} w(t)e^{-j2\pi(f-f_0)t}\,dt df_0 \\ &= \int_{-\infty}^{\infty} G(f_0)W(f-f_0)df_0 \end{aligned} \tag{2.16a}'$$

と表現できる．これは，信号 $g(t)$ と窓関数 $w(t)$ の積のフーリエ変換が，周波数領域においては，おのおのの周波数スペクトル $G(f)$ と $W(f)$ の畳み込み積分になっていることを示している．この表現からも，周波数領域において窓関数の帯域幅が狭いことが望ましいことがわかる．

ここで，実際に観測された 2 種類の不規則信号に対する離散フーリエ解析の適用例

を図 2.10 に示す．この図は，相対的に限定した振動パターンをもつ信号波形 1 と激しい振動成分に相対的に緩やかな包絡線成分が確認できる信号波形 2 に対する解析例である．ここではハニング関数を窓関数として適用し，そのまま解析結果をプロット表示した例（ただし，ピーク値で規格化）と対数表示した例の二つのパターンを示している．

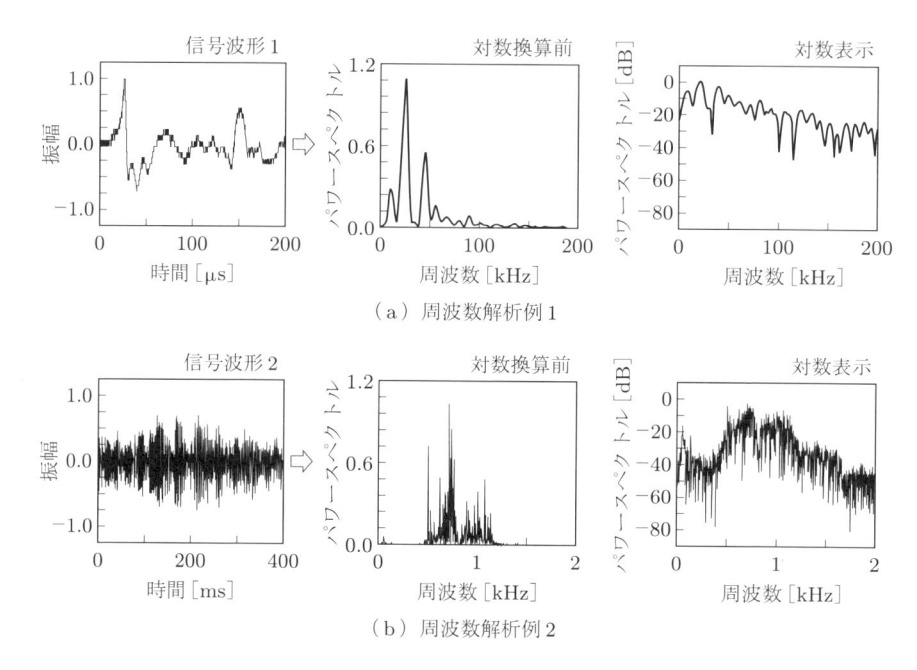

(a) 周波数解析例 1

(b) 周波数解析例 2

図 2.10 観測信号の周波数解析

この例では，信号波形 1 のほうが特定の周波数成分に集中する傾向にある一方，より多様な振動成分からなる信号波形 2 のほうが，スペクトル分布パターンが複雑であることがわかる．また，振幅スペクトルの相対強度の差が広い領域を比較する際には，対数表示したグラフが有効であることなども示している．

## 2.3 線形予測法に基づく周波数解析

フーリエ変換を用いて有限個の信号列の周波数解析を実行する場合，前述したように，時間領域上の不連続点の発生，あるいは窓関数の適用による誤差が発生する可能性がある．一方，1.7 節で示した線形予測モデルの概念にかかわる周波数解析法が，フーリエ変換法とは異なるアプローチとして提案されている．この手法は，対象信号の不

連続性や窓関数の問題が発生しないというメリットがあり，周波数スペクトルの包絡成分を評価するうえで有効である．

本節では，線形予測モデルの概念をベースとする周波数解析法の定義や特徴について述べる．

### 2.3.1 基本原理

線形予測モデルに基づく周波数解析手法として，最大エントロピー法（MEM；maximum entropy method）や線形予測法が知られている．MEM 法は，情報エントロピーを最大にするという基準の下に，有限個の信号列よりスペクトルを推定するという概念に基づく．ここで，エントロピーとは，不確実性や無秩序さの度合いを表す概念であり，情報エントロピーは，1 回の試行により得られる可能性のある情報量の期待値として定義される．

さて，ウィナー–ヒンチンの定理（表 2.1(f) 参照）は，自己相関関数とパワースペクトルとの関係性を説明するものであるが，MEM 法は，その関係性に着目し，情報量の確率的な期待値や不確定性に相当するエントロピーを増加させないように，自己相関関数を推定する方法によりパワースペクトルを導出する．

一方，AR モデルに基づく線形予測法とよばれるスペクトル解析法が，MEM 法とは独立に提案されているが，処理アルゴリズムはほぼ同じ内容である．以下では，より理解が容易な線形予測法のアプローチをベースに原理を説明する．

まず，対象信号列を $x(i)$ $(i=0,1,2,\cdots,N-1)$ として，AR モデル式 (1.27)′ を再掲する．

$$x(n) = -\sum_{i=1}^{p} a_i x(n-i) + e(n)$$

離散信号の周波数応答の問題を扱う際には，2.1.4 項で定義した $z$ 変換が有効である．$z$ 変換の推移特性を考慮して AR モデルの基本式を書き換えると，次式が得られる．

$$X(z) = -\sum_{i=1}^{p} a_i X(z) z^{-i} + E(z) \tag{2.17}$$

さらに，$X(z)$ でまとめて整理すると，次式となる．

$$X(z) = H(z)E(z) \tag{2.18}$$

ただし，

$$H(z) = \frac{1}{1 + \sum_{i=1}^{p} a_i z^{-i}} \tag{2.19}$$

である．ここで，サンプリング間隔を $\Delta t$ とし，$z = \exp(j2\pi f \Delta t)$ として置き換えると，式 (2.18), (2.19) は次式のように整理される．

$$X(f) = H(f)E(f) \tag{2.18}'$$

ただし，

$$H(f) = \frac{1}{1 + \sum_{i=1}^{p} a_i e^{-j2\pi f i \Delta t}} \tag{2.19}'$$

このとき，$X(f)$ と $E(f)$ は，観測信号と誤差のフーリエ変換に対応する．また，$H(f)$ は，$E(f)$ を入力，$X(f)$ を出力とする線形システムを想定した場合の伝達関数とみなすことができる（図 2.11）．

図 2.11 線形システムの入出力応答

いま，誤差 $e(n)$ が平均 0，分散 $\sigma_p^2$ と仮定すると，そのパワースペクトルは周波数に依存せず，$\sigma_p^2$ となる．したがって，信号 $x(n)$ のパワースペクトルを $P(f)$ とすると，次式で与えられる．

$$P(f) = H(f)^2 \sigma_p^2 \tag{2.20}$$

ここで，信号のサンプリング間隔を考慮すると，単位周波数あたりの値に正規化したパワースペクトル密度は $P(f) = H(f)^2 \sigma_p^2 / f_s$（ただし，$f_s = 1/\Delta t$）と表現できる．

このとき，十分に大きい次数 $p$ を選ぶことで，誤差 $e(n)$ を白色雑音に近づけることができ，自己回帰係数 $a_i$ と次数 $p$ を推定することで信号のパワースペクトル，あるいはパワースペクトル密度が得られる．具体的な自己回帰係数の導出に際しては，ユール-ウォーカー法や Burg 法などのアルゴリズム，さらに，次数 $p$ の導出に際しては，最終予測誤差規範（FPE），あるいは，FPE と等価な赤池情報量基準（AIC）などが適用される（⇒ p.50 Note 2.2）．

### 2.3.2 線形予測法の特徴

有限個の信号列に対して，フーリエ変換をベースとする周波数解析を用いる場合には，前述したように，時間領域上での不連続点の発生や，窓関数の適用による誤差が発生する可能性がある．しかし，線形予測法では，切り出した時間区間をすべての解析対象データとしているため，そうした問題は発生しない．また，信号周期に対して，データ長が短いような場合でも周波数解析が適用可能である．

さて，線形予測法により導出されるパワースペクトルは，上述したように線形システムの伝達関数に対応する．式 (2.19)，(2.19)′ を改めて確認すると，右辺の分母は，$i = 1, 2, \cdots, p$ 個の極（伝達関数の分母を 0 とする点）となっており，得られる値は，共振特性を示す．すなわち，線形予測法によるパワースペクトルは，$p$ 個の極を適当に配置し，信号のスペクトル成分を $p$ 個の振幅特性の組み合わせで表現していることになる．しかし，実際の観測信号のパワースペクトルは複雑な形状をしていることが多く，とくに次数 $p$ があまり大きくないケースでは，極の配置により表現できる特性には限界があると考えられる．また，AR モデルの次数の決定は必ずしも容易ではなく，最終予測誤差規範がうまく適用できないケースも起こり得る．また，メモリや計算時間の観点から見た場合には必ずしも効率的とはいえないことから，適用対象とする信号の特徴を踏まえて総合的に判断する必要がある．

ここで，図 2.12 に示す信号波形に対して，フーリエ変換および線形予測法に基づくパワースペクトルの導出例を図 2.13 に示す．図 (b) において，線形予測法による解析結果は，次数 $p = 3, 5, 7$ の適用例であり，次数 $p$ の増加とともに，より詳細なスペクトル変動が表現される．この例では，$p = 7$ の条件時に，フーリエ変換に基づく解析結果の包絡線（スペクトル包絡）成分にほぼ対応していることがわかる．ただし，次数を単純に増加させることが必ずしもよい結果につながるわけではなく，最適化処理に基づいて適切な次数を決定することが重要である．

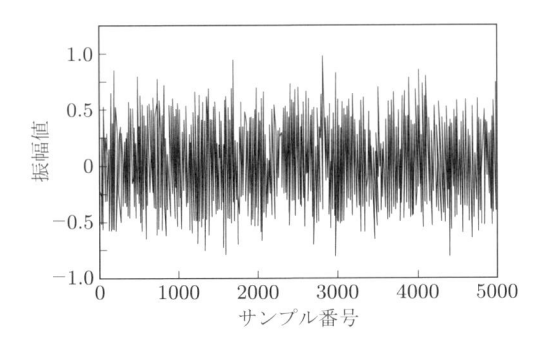

図 2.12　評価対象の信号波形

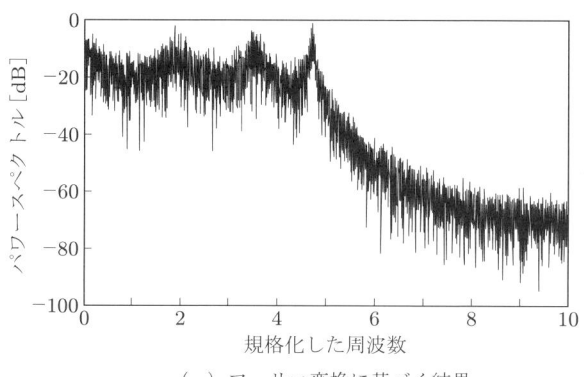

(a) フーリエ変換に基づく結果

(b) 線形予測法に基づく結果

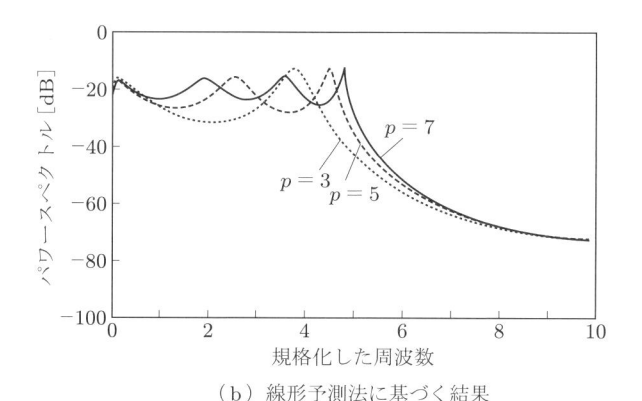

図 2.13 パワースペクトルの導出例

このように，線形予測法は，解析信号のスペクトル包絡成分の抽出に有効であり，音声認識や音源推定などの分野で多数の適用事例がある．

#### Note 2.2 線形予測法に基づく周波数解析の手順

線形予測法に基づく周波数解析では，自己回帰係数 $a_i$ と次数 $p$ を推定することで，信号のパワースペクトル $P(f)$ を導出する．Note 1.4 (p.25) で記載したように，ARモデルの自己回帰係数の決定では，

$$E[e(n)^2] = E\left[\left\{x(n) + \sum_{i=1}^{p} a_i x(n-i)\right\}^2\right]$$

の最小値を求めるアプローチをとる．この際，各次数 $p$ について，$a_i\ (i=1,2,\cdots,p)$ で偏微分した値が 0 となるような条件を考えると，$\partial E[e(n)^2]/\partial a_i = 0$ より，次のように式 (n.1.23) が得られる．

$$R_{xx}(i) + \sum_{k=1}^{p} a_k R_{xx}(i-k) = 0 \quad (i=1,2,\cdots,p)$$

一方で,誤差 $e(t)$ が,平均 0, 分散 $\sigma_p{}^2$ と仮定すると,次式が得られる(演習問題 2.6 参照).

$$R_{xx}(0) + \sum_{i=1}^{p} a_i R_{xx}(i) = E[e(n)^2] = \sigma_p{}^2 \tag{n.2.8}$$

以上を行列の表現でまとめると,次式が得られる.

$$\begin{pmatrix} R_{xx}(0) & R_{xx}(1) & R_{xx}(2) & \cdots & R_{xx}(p) \\ R_{xx}(1) & R_{xx}(0) & R_{xx}(1) & \cdots & R_{xx}(p-1) \\ R_{xx}(2) & R_{xx}(1) & R_{xx}(0) & \cdots & R_{xx}(p-2) \\ \vdots & \vdots & \vdots & & \vdots \\ R_{xx}(p) & R_{xx}(p-1) & R_{xx}(p-2) & \cdots & R_{xx}(0) \end{pmatrix} \begin{pmatrix} 1 \\ a_1 \\ a_2 \\ \vdots \\ a_p \end{pmatrix} = \begin{pmatrix} \sigma_p{}^2 \\ 0 \\ 0 \\ \vdots \\ 0 \end{pmatrix} \tag{n.2.9}$$

自己回帰係数を漸化的に解くアルゴリズムとしてユール‐ウォーカー法が知られているが,その過程では,ある次数 $p$ に関する漸化式を設定し,最適な自己回帰係数を導出する.

ここで,$p$ 次の自己回帰モデルの $i$ 番目の自己回帰係数を $a_i^{(p)}$ とすると,新たな未知の係数 $c_p$ を用いて以下の漸化式を定義する手法は,レビンソン‐ダービン (Levinson-Durbin) のアルゴリズムとして知られている.

$$a_p^{(p)} = c_p \tag{n.2.10}$$

$$a_i^{(p)} = a_i^{(p-1)} + c_p a_{p-i}^{(p-1)} \quad (i=1,2,\cdots,p-1) \tag{n.2.11}$$

ただし,

$$c_p = -\frac{R_{xx}(p) + \sum_{i=1}^{p-1} a_i^{(p-1)} R_{xx}(p-i)}{\sigma_{p-1}{}^2} \tag{n.2.12}$$

$$\sigma_p{}^2 = \sigma_{p-1}{}^2 (1 - c_p{}^2) \tag{n.2.13}$$

である.

レビンソン‐ダービンのアルゴリズムによる自己回帰係数の導出手順の概要を,以下に整理する.

① ある次数 $p$ の条件に対して,信号 $x(i)$ $(i=0,1,2,\cdots,N-1)$ の自己相関関数 $R_{xx}(i)$ $(i=0,1,2,\cdots,p)$ を計算する.
② $p$ 次の自己回帰係数の漸化式に初期値を割り当てる.
③ $p = p+1$ として漸化式を更新する.
④ 次数 $p$ が最適な次数 $P$ (最終次数)に到達した場合には,漸化式の更新を停止

して自己回帰係数を決定する．

なお，実際の処理では最終次数 $P$ は事前に確定しているわけではなく，最終予測誤差規範（FPE），あるいは，FPE と等価な赤池情報量基準（AIC）などが適用される．ここで，信号列を $N$ 個 $(n = 0, 1, 2, \cdots, N-1)$ とすると，FPE は，次式により定義される．

$$\text{FPE}(p) = \frac{N+p+1}{N-p-1} \sigma_p^{\,2} \tag{n.2.14}$$

ここで，FPE を最小にする次数を最終次数 $P$ とするが，明確な値が必ずしも確認できないケースも多い．その場合は，一定の範囲において $P$ を決めることになる．

一方，自己回帰係数の導出法として，J.P. Burg が提案した最大エントロピー法（Burg 法，あるいは Burg アルゴリズム）も知られている．詳細な手順は割愛するが，Burg 法では，最初に自己相関関数を求める必要がない．ユール-ウォーカー法と同様に次数 $p$ を変化させながら，定義した漸化式の誤差が最小になるように自己回帰係数を決定する手順をとる．この際，最終次数 $P$ は，FPE あるいは AIC などで選ぶ必要がある．

## 演習問題

2.1 フーリエ級数展開とフーリエ変換の関係性について述べよ．

2.2 式 (2.1) に基づいて，問図 2.1 に示す関数のフーリエ変換を求めよ．

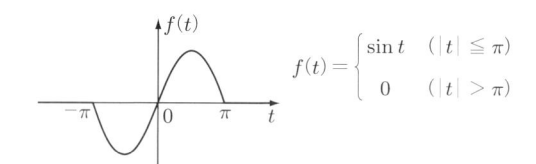

$$f(t) = \begin{cases} \sin t & (|t| \leq \pi) \\ 0 & (|t| > \pi) \end{cases}$$

問図 2.1

2.3 関数 $f(t)$ のフーリエ変換を $F(\omega)$ とおくとき，次式の関数 $g(t)$ のフーリエ変換 $G(\omega)$ を求めよ．

$$g(t) = f(t) + \frac{f(t-a) + f(t+a)}{2}$$

2.4 信号列 $f(i)$ $(i = 0, 1, 2, \cdots, N-1)$ の離散フーリエ変換を $F(k)$ とおくとき，次式のように離散的なパーセバルの定理が成立することを確認せよ．

$$\sum_{n=0}^{N-1} |f(n)|^2 = \frac{1}{N} \sum_{k=0}^{N-1} |F(k)|^2$$

2.5 フーリエ変換と線形予測法に基づく信号の周波数解析手法を比較せよ．
2.6 式 (n.2.8) が成立することを確認せよ．

# 第3章 信号の周波数解析（2）：発展編

　観測信号の変動特性を把握する手段として，前章で示したフーリエ変換や線形予測モデルをベースとする周波数解析は，これまで幅広く利用されている．その一方，信号解析の目的や適用範囲は多種多様であり，一般的な周波数解析を適用するだけでは十分にカバーできない領域も存在する．

　本章では，信号の周波数特性を把握する際に適用される発展的な解析手法を扱う．信号の相関性にかかわる周波数解析，信号の時間経過と周波数変動の関係を把握するための時間－周波数解析，信号成分の分離に有効なケプストラム解析など，より高度な周波数解析手法を学ぶ．

## 3.1 信号の相関性に関する周波数解析

　第2章で扱った周波数解析手法は，ある時間区間における1組の観測信号（あるいは，信号列）に適用される．一方，複数信号の関係性を把握する手段として，信号の相関関数に対する周波数解析を挙げることができる．本節では，相互相関関数（2次相関関数）に関するクロススペクトルと，3次相関関数に関するバイスペクトルについて述べる．

### 3.1.1 クロススペクトル解析

　二つの信号の相関性を調べる際には，1.5節で述べた相互相関関数がしばしば用いられる．ここで，二つの信号 $x(t), y(t)$ に関する相互相関関数 (1.15a)′ を再掲すると，

$$R_{xy}(k) = \int_{-\infty}^{\infty} x(t)y(t+k)dt$$

で与えられ，$k$ は二つの信号の時間的なずれに対応する．前述したように，二つの信号の相関性が低い場合には，$k$ にかかわらず相互相関関数は0に近づき，二つの信号の相関性が高い場合には，ある時間差 $k$ の位置で相互相関関数は大きな値をとる．

　さて，ウィナー－ヒンチンの定理（表2.1(f) 参照）によれば，自己相関関数のフーリエ変換がパワースペクトルに対応する．同様に，相互相関関数のフーリエ変換を実行すると，クロススペクトル（cross-spectrum）は次式のように定義できる．

$$S_{xy}(f) = \int_{-\infty}^{\infty} R_{xy}(k)e^{-j2\pi fk}\,dk \tag{3.1}$$

ここで，ウィナー – ヒンチンの定理と同様の変換処理を行うと，次式を得る．

$$\begin{aligned}S_{xy}(f) &= \int_{-\infty}^{\infty}\left\{\int_{-\infty}^{\infty} x(t)y(t+k)dt\right\}e^{-j2\pi fk}\,dk \\ &= X^{*}(f)Y(f)\end{aligned} \tag{3.2}$$

これにより，クロススペクトルは，各信号の周波数スペクトルの積により関係付けられることがわかる．すなわち，クロススペクトルは，二つの信号間の相関性の高い周波数分布に対応し，一般的に，実部と虚部からなる複素数で与えられる．このとき，共通する周波数成分をもつ二つの信号を対象とした場合には，二つの信号の位相差により，複素平面上においてクロススペクトルの位相角は変動する．なお，二つの変動量間の相関性を評価する際，クロススペクトルを正規化したコヒーレンスが多く使用される（⇒ p.54 **Note** 3.1）．

主要な周波数 $f_1$, $f_2$, $f_3$ の成分をもつ信号 $x$ と，主要な周波数 $f_2$ の成分をもつ信号 $y$ について，コヒーレンス導出の概念図を**図 3.1** に示す．二つの信号間で共通する周波数 $f_2$ が強調されて現れ，二つの信号間の相関性を測るうえで有効な指標となることがわかる．

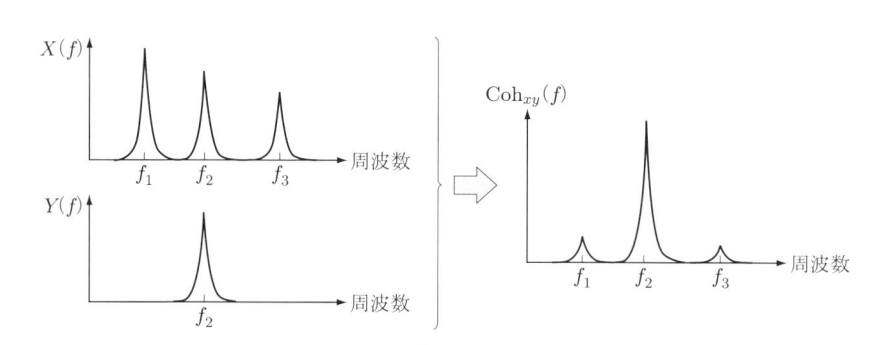

**図 3.1** コヒーレンスの導出（二つの信号間の相関性の評価）

**Note** 3.1　コヒーレンスとは

クロススペクトルをパワースペクトルにより正規化した複素関数は，コヒーレンス（coherence）とよばれ，次式で定義される．

$$\mathrm{Coh}_{xy}(f) = \frac{S_{xy}(f)}{\sqrt{P_{xx}(f)P_{yy}(f)}} \tag{n.3.1}$$

ここで，$P_{xx}, P_{yy}, S_{xy}$ は，おのおの信号 $x$ のパワースペクトル，信号 $y$ のパワースペクトル，信号 $x, y$ 間のクロススペクトルとする．ただし，上記の定義式の二乗値を用いて，

$$\gamma_{xy}(f) = \frac{S_{xy}(f)^2}{P_{xx}(f)P_{yy}(f)} \tag{n.3.2}$$

と表現される定義式もしばしば利用される．コヒーレンスは，信号 $x, y$ 間の相関性を周波数ごとに示す指標となり，相関性が高いほど，計算値は 0 から 1 へ近づく特性をもつ．コヒーレンスにより，異なる信号間の相関性が評価できるだけでなく，ある系への入力信号と出力信号間に適用することで，その系の伝達特性を把握することもできる．

### 3.1.2 バイスペクトル解析

3 次相関関数のフーリエ変換は，バイスペクトル（bi-spectrum）として定義される．パワースペクトルやクロススペクトルで見てきたように，$n$ 次相関関数の $(n-1)$ 次元フーリエ変換は，$n$ 次のパワースペクトル（あるいはパワースペクトル密度関数）を与える．

バイスペクトルは，3 次相関関数の 2 次元フーリエ変換として定義され，解析対象とする信号周波数の位相関係に一定の相関性がある場合に有効である．

ここで，信号 $x(t), y(t), z(t)$ の 3 次相関関数は，

$$R_{xyz}(\tau_1, \tau_2) = \int_{-\infty}^{\infty} x(t)y(t+\tau_1)z(t+\tau_2)\,dt \tag{3.3}$$

と定義され，この 3 次相関関数を 2 次元フーリエ変換すると，バイスペクトルが得られる．

$$B_{xyz}(f_1, f_2) = \int_{-\infty}^{\infty}\int_{-\infty}^{\infty} R_{xyz}(\tau_1, \tau_2)e^{-j2\pi(f_1\tau_1+f_2\tau_2)}\,d\tau_1 d\tau_2 \tag{3.4}$$

上式は，二つの周波数 $f_1, f_2$ の関数となっており，解析結果は，一般的に $f_1$–$f_2$ 平面上にプロットされる．なお，3 次相関関数には，$R_{xyz}(f_1, f_2) = R_{xyz}(f_2, f_1)$ という対称性が成立することから，バイスペクトルは，$f_1 = f_2$ 軸に対して対称となる（図 3.2）．

ここで，式 (3.3) の関係を用いると，

$$\begin{aligned} B_{xyz}(f_1, f_2) &= \int_{-\infty}^{\infty}\int_{-\infty}^{\infty}\int_{-\infty}^{\infty} \{x(t)y(t+\tau_1)z(t+\tau_2)dt\} e^{-j2\pi(f_1\tau_1+f_2\tau_2)}\,d\tau_1 d\tau_2 \\ &= \int_{-\infty}^{\infty}\int_{-\infty}^{\infty}\int_{-\infty}^{\infty} \{x(t)e^{j2\pi(f_1+f_2)t}\,dt\} \\ &\quad \cdot y(v_1)e^{-j2\pi f_1 v_1}\,dv_1\, z(v_2)e^{-j2\pi f_2 v_2}\,dv_2 \end{aligned}$$

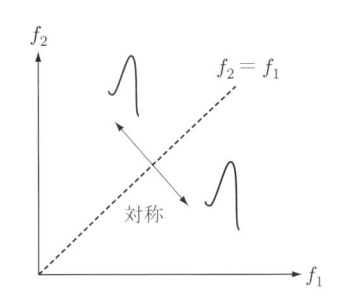

図 3.2 バイスペクトル解析結果の対称性

$$= X^*(f_1+f_2)Y(f_1)Z(f_2) \tag{3.5}$$

が成立し，周波数 $f_1$, $f_2$, $f_1+f_2$ の成分の積となっていることがわかる（ここで，$v_1 \equiv t+\tau_1$, $v_2 \equiv t+\tau_2$）．

バイスペクトルは，複数の周波数成分の相互干渉の度合いを評価する際に有効な指標であり，たとえば，流体の非線形特性や，生体信号の干渉評価などへの適用事例がある．

## 3.2 時間 – 周波数解析

信号が時系列的にどのような周波数変動を示すか明らかにするための手法が，時間 – 周波数解析である．時間 – 周波数解析は，観測する信号を時間方向に切り出してシフト（移動）しながら周波数特性を抽出する処理に対応し，短時間フーリエ変換，ウィグナー分布（Wigner distribution），ウェーブレット変換（wavelet transform）などのアプローチが存在する．

### 3.2.1 時間 – 周波数解析手法の分類と特徴
#### (1) 短時間フーリエ変換

一定の時間ごとに信号を切り出してフーリエ変換する手法は，短時間フーリエ変換（STFT；short time Fourier transform）とよばれる．短時間フーリエ変換は，時間軸方向に一定時間幅の窓関数をシフトしながらフーリエ変換を適用することで，時間と信号の周波数変動の関係性を明らかにするものである．

いま，対象とする信号を $g(t)$，適用する窓関数を $w(t)$ とすると，短時間フーリエ変換は次式で表現される．

- 連続系の表現：
$$G(\tau, f) = \int_{-\infty}^{\infty} g(t)w(t-\tau)e^{-j2\pi ft}dt \quad (3.6\text{a})$$
- 離散系の表現〔$g(i)$ $(i = \cdots, m_0, m_0+1, \cdots, m_0+N-1, \cdots)$〕：
$$G(m, k) = \sum_{i=m_0}^{m_0+N-1} g(i)w(i-m)\exp\left(-j\frac{2\pi ki}{N}\right)$$
$$(0 \leqq k \leqq N-1,\ m_0 \sim m_0+N-1 = 窓関数の適用区間) \quad (3.6\text{b})$$

ここで，$\tau, m$ は時間軸方向のシフト量に相当し，この値をずらしていくことで，時間方向に対する信号の周波数情報の変化を把握することができる．なお，短時間フーリエ変換の二乗値（パワースペクトル）はスペクトログラムとよばれる．

短時間フーリエ変換は，時間 - 周波数解析の手法としてはもっとも単純で扱いやすいが，フーリエ変換をベースとする周波数解析に際して，信号の時間変動を詳細に把握するためには，窓関数の時間区間（解析区間）を狭く設定する必要がある．ただし，時間区間を狭くする設定は，周波数分解能の低下（＝周波数軸上のスペクトル間隔の拡大，解析可能な最低周波数の上昇）につながるという制約が生じる．しかし，周波数分解能を改善するために，窓関数の時間区間を広げると，信号（周波数スペクトル）の時間変動を詳細に把握することができないという問題が生じる．時間分解能と周波数分解能は，一方が高くなると他方は低下し，これはフーリエ変換の「不確定性の原理」とよばれる．

**図 3.3** は，短時間フーリエ変換の処理の概念図である．窓関数の時間区間が短い場合と長い場合とで，周波数領域の分解能が異なることを示している．

このように，短時間フーリエ変換では，時間分解能と周波数分解能を両立させることができないため，多様な周波数成分を含む信号を扱う際には，信号特性を十分に把握できないケースがある．

### (2) ウィグナー分布

ウィグナー分布（Wigner distribution）は，信号の自己相関関数とパワースペクトルの関係を説明するウィナー - ヒンチンの定理（表 2.1(f) 参照）を用いた手法である．対象とする信号を $g(t)$ とすると，$g(t+\tau/2)g(t-\tau/2)$ を変数 $\tau$ でフーリエ変換して得られる，時刻と周波数を変数とする分布をウィグナー分布とよび，次式で定義される．

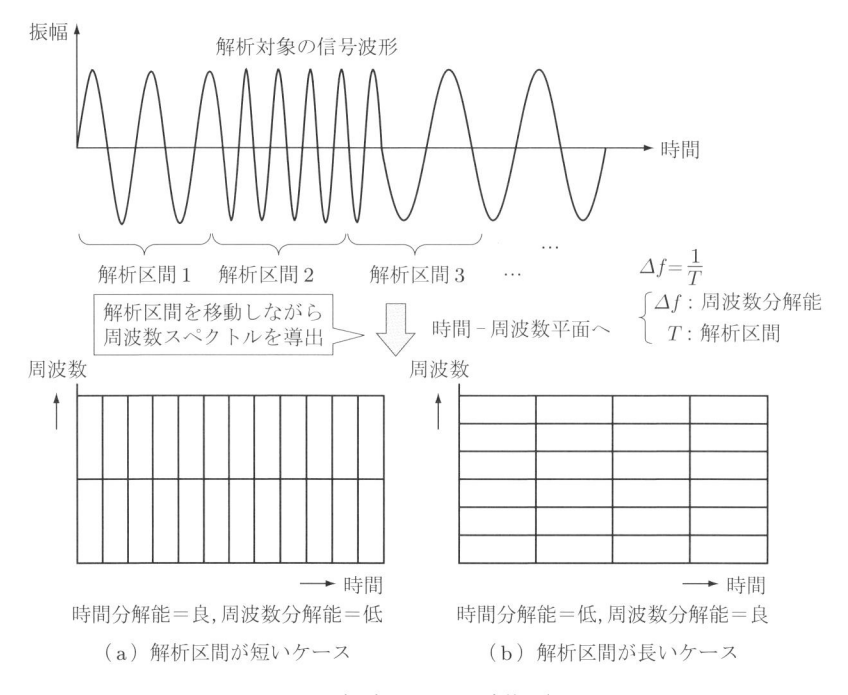

図 3.3　短時間フーリエ変換の処理

$$W(t,f) = \int_{-\infty}^{\infty} g(t+\tau/2)g^*(t-\tau/2)e^{-j2\pi f\tau}d\tau \tag{3.7}$$

信号の時間変動と周波数変動を把握するうえで有効な指標であり，非定常的あるいは過渡的な信号の解析に適用できる．

ウィグナー分布の時間平均はパワースペクトルに対応する．そのため，ウィグナー分布は，パワースペクトルと類似の特性を示す反面，負の値をとることもあるなどの性質をもつ．また，たとえば，信号が二つの周波数成分を含むような場合，その中間の位置にスペクトル成分を生成する性質がある点にも配慮しなければならない．

### (3) ウェーブレット変換

ウェーブレット変換は，時間領域上で信号を切り出す際の大きさ（時間区間）が可変であることを特徴とする．ウェーブレットは"さざ波（局在する小さな波）"を意味し，振動しながら減衰するウェーブレット関数を窓関数として適用した手法がウェーブレット変換である．ウェーブレット関数は，時間方向に拡大・縮小する比率を決定

する係数と，時間方向に信号をシフトさせる係数をパラメータとし，短時間フーリエ変換に比較して，時間および周波数分解能に柔軟性があるといえる．

ウェーブレット変換による時間-周波数解析時には，信号の緩やかな変動成分（低周波成分）に対しては長い解析区間，また，速い変動成分（高周波成分）に対しては短い解析区間を処理するため，非定常的あるいは過渡的な変動特性の把握に有効である．

### 3.2.2 ウェーブレット変換

ウェーブレット変換の基礎的な概念は，1980年代初頭に提案された時間-周波数解析への展開に始まるとされる．前述したように，ウェーブレット変換による時間-周波数解析は，フーリエ解析のように三角関数による信号表現ではなく，ウェーブレット関数を用いる．

これまで，様々なウェーブレット関数とその適用領域が提案されてきたが，ウェーブレット変換は連続ウェーブレット変換と離散ウェーブレット変換に大別される（**表3.1**）．前者は，時間-周波数解析に有効な手法であり，後者は，信号や画像の分離や圧縮処理などに利用される．

表3.1 ウェーブレット変換の分類

| 分類 | 特徴 |
|---|---|
| 連続ウェーブレット変換 | 連続量を扱う連続ウェーブレット関数を用いたもので，おもに時間-周波数解析に利用される． |
| 離散ウェーブレット変換 | 連続ウェーブレット関数を2進分割した離散ウェーブレット関数を用いる．対象信号を高周波成分と低周波成分に分解し，多重解像度解析ともよばれる（第4章参照）． |

以下では，連続ウェーブレット変換の概念と具体事例について述べる．なお，離散ウェーブレット変換については，4.3節を参照されたい．

#### (1) 連続ウェーブレット変換の基礎概念

まず，連続ウェーブレット変換は，連続量を扱う連続ウェーブレット関数を用いたもので，おもに信号解析（時間-周波数解析）に利用される．二乗可積分な信号 $g(t)$

$$\int_{-\infty}^{\infty} |g(t)|^2 dt < \infty$$

に対する連続ウェーブレット変換は，次式で定義される．

$$W_g(a,b) = \int_{-\infty}^{\infty} g(t)\psi_{a,b}^*(t)\,dt \tag{3.8}$$

$$\psi_{a,b}(t) = \frac{1}{\sqrt{a}}\psi\left(\frac{t-b}{a}\right) \tag{3.9}$$

ここで，$\psi_{a,b}(t)$ はウェーブレット関数（マザーウェーブレット）であり，平均値が0で有限の継続時間の関数である．また，$a$ と $b$ は，おのおのスケールファクタ（あるいはスケールパラメータ），シフトファクタ（あるいはシフトパラメータ）とよばれる．

式 (3.8) が示すように，ウェーブレット関数の代わりに，$e^{-j\omega t}$ を用いた手法がフーリエ変換に対応する．フーリエ変換（あるいはフーリエ級数）では，三角関数と信号の類似する度合いを検出しているという見方もできるが，三角関数は無限に連続する関数のため，信号が特定の時間領域に局在（集中的に分布）したケースでは，近似処理するには必ずしも適切ではない．そこで，時間軸上で局在した信号に類似した関数を適用すれば，その信号を適切に切り出すことができる．これが，ウェーブレット変換の基本的な考え方である．

ここで，スケールファクタ $a$ は，関数の伸縮操作のための係数で，値を大きくするとウェーブレット関数は時間軸方向に引き延ばされ，値を小さくすると時間軸方向に縮小される．すなわち，スケールファクタ $a$ の値が大きい場合，信号の低周波数成分の解析が可能であり，値が小さい場合では，信号の高周波数成分の解析に適している．一方，ウェーブレット関数を時間軸方向にシフトさせるための係数がシフトファクタ $b$ である．

1次元の信号に対して連続ウェーブレット変換を適用した場合，横軸（時間軸）がシフトファクタ $b$，縦軸（周波数軸）がスケールファクタ $a$ のパラメータに対応する．このとき，スケールファクタ $a$ は，信号の振動の度合いを評価する指標となり，擬似周波数とみなすことができる．

**図3.4** に，連続ウェーブレット変換を用いた時間－周波数解析時のスケールファクタとシフトファクタの関係性を示す．シフトファクタ $b$ の増加とともに，ウェーブレット関数が時間軸方向へ移動すること，さらには，解析区間を決定するスケールファクタ $a$ の大きさが周波数分解能を決定するパラメータになっていることを示している．

連続ウェーブレット変換を用いた時間－周波数解析では，時間および周波数分解能に柔軟性がある．このため，短時間フーリエ変換と比較して，突発的な高周波成分や広がりをもつ低周波成分を効率的に分離表示することが可能となる．

これまで様々なウェーブレット関数が提案されているが，いくつかの代表例を**図3.5**に示す（ただし，スケールファクタ $a$ の値により各関数の形状も変化する）．

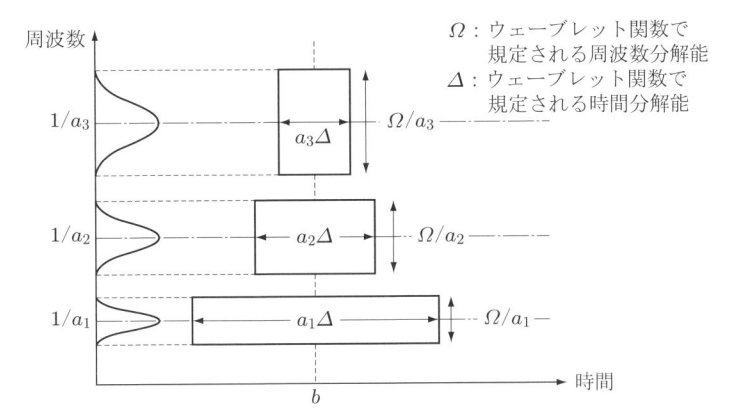

図 3.4　ウェーブレット変換による時間および周波数分解能の関係

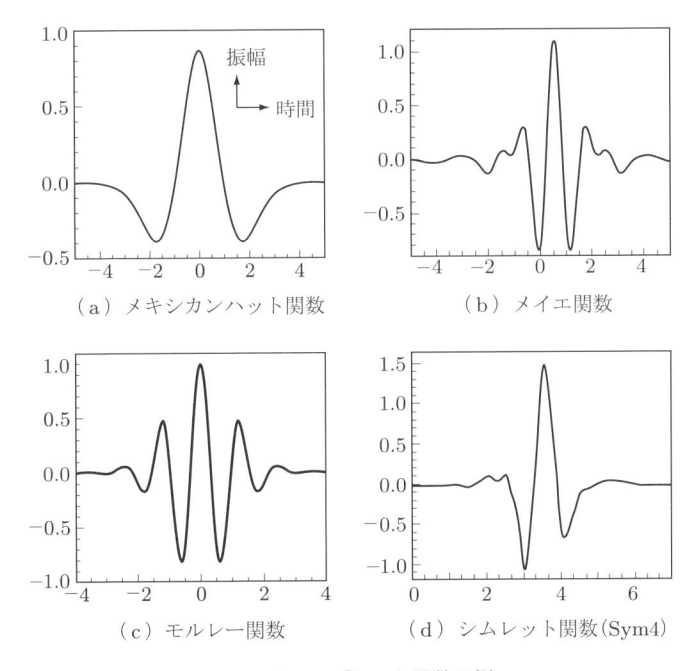

図 3.5　ウェーブレット関数の例

## (2) 時間 – 周波数解析例

　周波数変動が時間軸上で変化する 2 種類の信号（**図 3.6**）に対する短時間フーリエ変換（窓関数＝ハニング関数，窓関数の適用区間 = 10, 50, 100, 500）と，連続ウェーブレット変換（窓関数＝メキシカンハット関数，スケール分割数 50）の適用例を**図 3.7**～**3.9**に示す．ここでは，解析値が大きい領域ほど濃い色になるように描画されている．

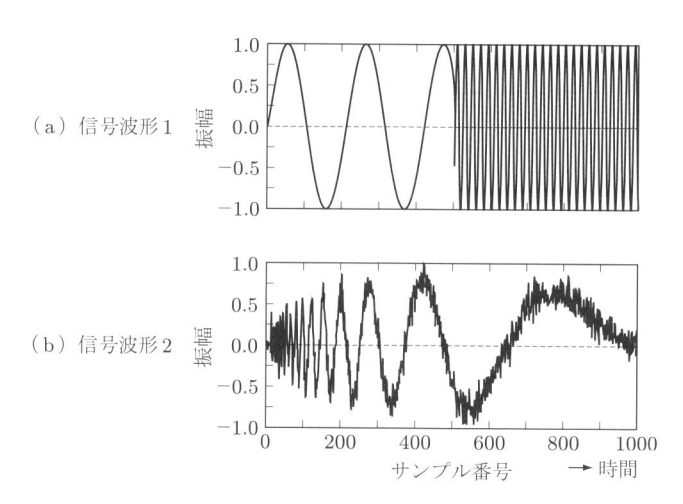

62 第 3 章 信号の周波数解析（2）：発展偏

(a) 信号波形 1

(b) 信号波形 2

図 3.6 周波数が急激に変化する信号波形例

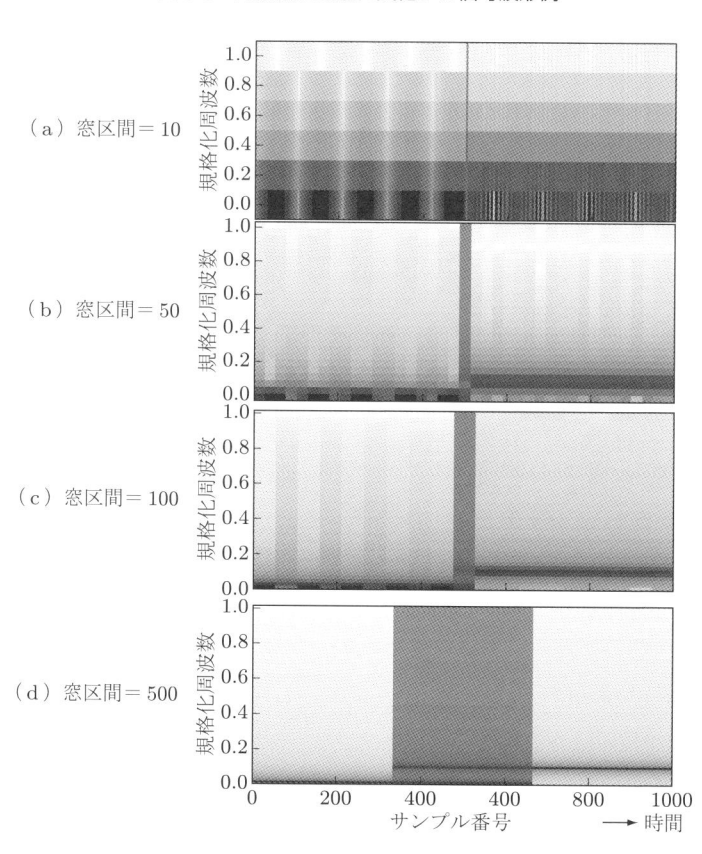

(a) 窓区間 = 10

(b) 窓区間 = 50

(c) 窓区間 = 100

(d) 窓区間 = 500

図 3.7 信号波形 1 に対する短時間フーリエ変換解析例

3.2 時間 – 周波数解析　63

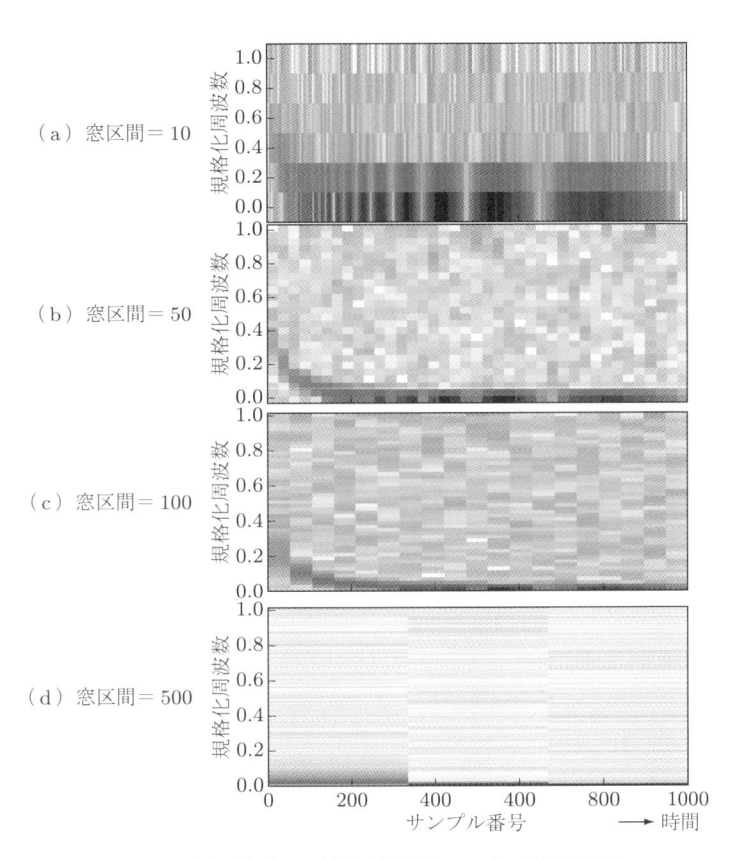

(a) 窓区間 = 10

(b) 窓区間 = 50

(c) 窓区間 = 100

(d) 窓区間 = 500

縦軸：規格化周波数　横軸：サンプル番号　→時間

図 3.8　信号波形 2 に対する短時間フーリエ変換解析例

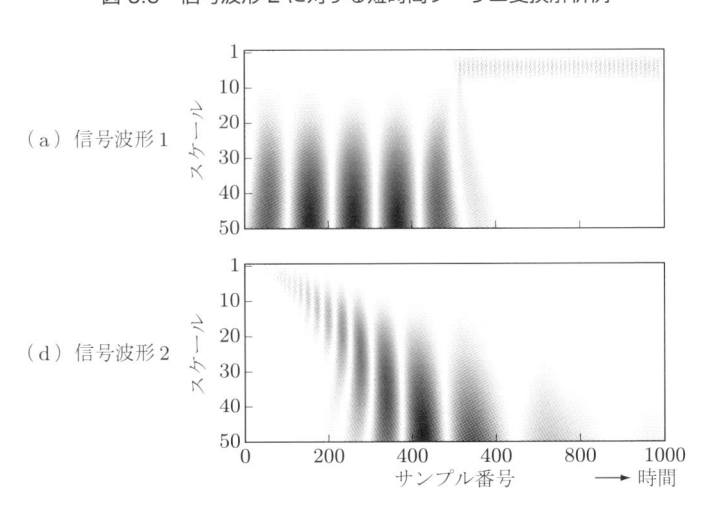

(a) 信号波形 1

(d) 信号波形 2

縦軸：スケール　横軸：サンプル番号　→時間

図 3.9　連続ウェーブレット変換の解析例

まず，短時間フーリエ変換による解析結果において，窓区間 = 10 の例では，どちらの信号波形も周波数分解能が粗く，周波数が変化する様子を正確に把握することが困難である．ここで，窓区間を 50 以上に広げると，周波数分解能は改善されていくが，時間分解能が粗く，時間領域において信号特性の変化位置を十分に把握できないことがわかる．

一方，連続ウェーブレット変換による結果では，どちらも信号の変動成分に応じて縦軸方向に濃淡で表現されており，信号変動特性の位置が相対的に明確である．

以上の結果からも，連続ウェーブレット変換による時間−周波数変換は，時間分解能と周波数分解能を両立させることができ，非定常的あるいは過渡的な変動特性の把握に有効であることがわかる．

## 3.3 ケプストラム解析

これまで，時間領域の信号から周波数変動特性を把握するための周波数解析について学んできた．こうした周波数解析の概念を拡張し，周波数領域のスペクトル成分（対数値）を逆変換するケプストラム解析が提案されている．

本節では，元の信号成分の分離に有効な手法であるケプストラム解析の定義と特徴について述べる．

### 3.3.1 ケプストラム解析

解析対象とする信号 $x(t)$ が，様々な信号 $x_i(t)$ $(1 \leq i \leq M)$ の和として表現されるケース，たとえば，

$$x(t) = \sum_{i=1}^{M} x_i(t) \tag{3.10}$$

のような事例において，構成する信号 $x_i(t)$ の周波数帯域が十分に離れている条件では，信号をフーリエ変換する方法により，各信号 $x_i(t)$ の周波数成分を観測できる．また，こうしたケースでは，各信号 $x_i(t)$ を抽出する帯域選択フィルタを用いることで混合信号を分離することが可能である（4.1 節参照）．

一方，信号が複数信号の畳み込み積分で表現される

$$x(t) = x_1(t) * x_2(t) * \cdots * x_M(t) \tag{3.11}$$

のようなケースでは，フーリエ変換を実施しても，

$$X(f) = \prod_{i=1}^{M} X_i(f) \tag{3.12}$$

となり，帯域選択フィルタを用いても各信号 $x_i(t)$ が容易に分離できない．しかし，ここで両辺の対数をとると，

$$\log|X(f)| = \sum_{i=1}^{M} \log|X_i(f)| \tag{3.13}$$

のように和の形式となり，さらに逆フーリエ変換すると，次式が得られる．

$$x_c(t) = \mathcal{F}^{-1}[\log|X(f)|] = \mathcal{F}^{-1}\left[\sum_{i=1}^{M} \log|X_i(f)|\right] \tag{3.14}$$

$x_c(t)$ はケプストラム（cepstrum）とよばれ，対数振幅スペクトルの逆フーリエ変換に相当する．ここで得られる式は，時間領域の関数に対応しており，ケフレンシ（quefrency）という表現が用いられる[†]．

ケプストラム解析については，信号の伝達・反射特性の解析や，周期成分の抽出などに有効であり，地震波や音声信号などを対象とした解析事例が多い．なお，線形予測法で得られるスペクトル包絡を逆変換して得られるケプストラムは，LPC（linear predictive coding）ケプストラムとよばれ，人の声道特性の解析や，音声認識の分野などで様々なアプローチが提案されている．

ケプストラム解析では，時間領域の信号を周波数領域へ変換し，さらに，周波数-時間変換を行う．したがって，周波数領域におけるサンプリング間隔（周波数分解能）が十分に確保されていなければ，時間領域へ戻した際のサンプリング間隔が粗くなる．このため，実際の解析時には，最初の時間-周波数変換時の時間幅の切り出し長や，周波数分解能の設定条件に十分に留意しておくことが重要である．

ある信号に関するケプストラム導出の概念図を図 3.10 に示す．本例では，対数振幅スペクトルのゆるやかな包絡成分（破線）とその上の周期的なピーク成分が，それぞれ低ケフレンシ領域と高ケフレンシ領域に対応している．ここで，人の声道特性の解析を例に挙げると，音声信号は声帯の振動による音源と声道特性の畳み込みで表現される．有声音源のような周期信号については，対数振幅スペクトルにも周期的なピー

---

[†] ケプストラムは，spectrum の最初の4文字をひっくり返した造語である．同様に，ケフレンシは frequency からの造語である．なお，ケプストラムの定義として，対数振幅スペクトルのフーリエ変換として定義されることも多い．この際，逆フーリエ変換の処理による結果と振幅特性は等価である．

ク成分が出現し，よりゆるやかな声道特性の成分に対して，音源信号成分は，高ケフレンシ領域に配置される．なお，ケプストラム領域において特定成分を切り出すために利用する窓関数（フィルタ）はリフタ（lifter）とよばれる．リフタによる切り出し処理を実施後，再度，周波数領域へ変換することで，特定の周波数成分を抽出することができる．

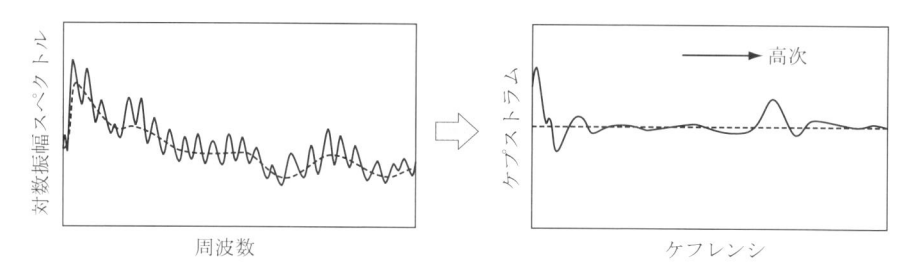

図 3.10 ケプストラムの導出

### 3.3.2 複素ケプストラム解析

式 (3.14) により定義されるケプストラムは，フーリエ変換の絶対値がとられているため，位相情報が失われている．その結果，逆フーリエ変換の計算結果からは元の信号波形を復元することができない．そこで，元の信号波形の復元する手段として，位相情報を保持した形式で複素ケプストラムが定義される．

さて，信号 $x(t)$ のフーリエ変換 $X(f)$ は一般的に複素数であり，その対数は複素対数となる．ここで，$X(f)$ を極座標表示すると，

$$X(f) = |X(f)|e^{j\arg[X(f)]} \tag{3.15}$$

となり，その複素対数 $X(f)$ は，

$$\log X(f) = \log |X(f)| + j\arg[X(f)] \tag{3.16}$$

と定義できる．さらに，複素対数を逆フーリエ変換すると，$x(t)$ の複素ケプストラムは，

$$x_{cc}(t) = \mathcal{F}^{-1}[\log |X(f)|] = \mathcal{F}^{-1}\left[\sum \log |X(f)| + j\arg[X(f)]\right] \tag{3.17}$$

で与えられる．

ここで，実際に処理される偏角（位相）$\arg[X(f)]$ については，$2\pi$ の整数倍のあいまいさがある．すなわち，$\theta_0$ がある複素数の偏角であれば，$\theta = \theta_0 + 2\pi n$（$n$：整数）もその複数数の偏角となる．

一方，コンピュータ上で複素数の偏角を処理する際には，$\tan^{-1}(\mathrm{Im}[X(f)]/\mathrm{Re}[X(f)])$

の形式で表現されるため，$-\pi \sim \pi$ の範囲を変動する．したがって，実処理の際の偏角が，$-\pi \sim \pi$ の範囲で変動すれば問題ないが，それを超えた場合には，不連続性を生じる可能性がある．そこで，複素ケプストラム解析では，偏角に生じる不連続性の問題に対処するため，$2\pi$ の整数倍ずらして位相特性が連続的につながるように補正処理（位相のアンラッピング）を施す必要がある．

## 演習問題

3.1 実関数 $x(t)$, $y(t)$ の複素フーリエ成分をベクトル表示で $X(f) = |X(f)|\exp(j\theta_x)$, $Y(f) = |Y(f)|\exp(j\theta_y)$ と表現するとき，クロススペクトルについて，以下の関係が成立することを確認せよ．

$$S_{xy}(f) = |X(f)||Y(f)|\exp\{j(\theta_y - \theta_x)\}$$

3.2 クロススペクトルについて，$S_{xy}(f) = S_{yx}(-f)$ が成立することを確認せよ．

3.3 短時間フーリエ変換とウェーブレット変換を用いた時間-周波数解析に関する分解能の概念を比較せよ．

3.4 問図 3.1 に示す形状のウェーブレット関数 $\psi(t)$ に対して，式 (3.9) を元にスケール変換 $a = 2$, $a = 1/3$ を施した関数を図示せよ．

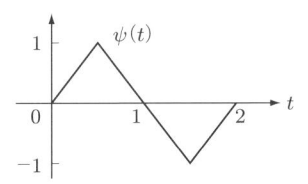

問図 3.1

# 第4章 信号分離の解析手法（1）：雑音除去と変動成分の分離

実際に観測される信号には，雑音を含めて様々な信号成分が含まれることが多い．このように，解析対象としたい信号に各種の信号成分が重畳しているような場合，事前に不要な信号成分を分離処理する必要がある．また，雑音のような不要な成分を取り除くケースだけではなく，信号がもつ基本成分を把握したり，あるいは，時間領域上の変化点の抽出などの信号特性把握の観点より，信号分離を行うためのアプローチがしばしば適用される．

本章では，観測信号の解析の事前処理に必要となる雑音除去処理，単体の観測信号の特性抽出に有効な信号分離処理法について学ぶ．

## 4.1 観測信号からの雑音除去

信号解析の前処理として，不要な雑音成分を除去したり，あるいは，特定の周波数成分を抽出する処理を行うことがある．本節では，こうした雑音除去や特定の信号成分に適用可能なフィルタおよび演算処理による雑音除去法について述べる．

### 4.1.1 フィルタの分類

解析対象とする信号から不要な雑音成分を除去したり，必要とする周波数成分を抽出する手段として，各種のフィルタが用いられる．フィルタは，入力と出力の関係によりその特性が異なり，いくつかのタイプに分類することができる．

① ローパスフィルタ（低域通過フィルタ）：
　低い周波数成分を取り出すフィルタであり，高い周波数成分は抑制される．
② バンドパスフィルタ（帯域通過フィルタ）：
　特定の周波数帯域の成分を取り出すフィルタであり，低い周波数成分や高い周波数は抑制される．
③ ハイパスフィルタ（高域通過フィルタ）：
　高い周波数成分を取り出すフィルタであり，低い周波数成分は抑制される．
④ その他：
　その他として，特定の周波数成分を抑制するバンドエリミネーションフィルタ

（帯域阻止フィルタ），ある周波数間隔で信号成分を通過させるくし形フィルタなどが挙げられる．

図 4.1 はいくつかのフィルタの周波数特性イメージであり，各タイプにより信号が通過する周波数帯域が異なる様子を示している．図において，利得は，入力信号と出力信号の比で定義され，通常は，対数をとり dB が単位として使用される．その際，対象信号が電圧，電流，電力であれば，電圧利得，電流利得，電力利得といった表現が一般的に用いられる．

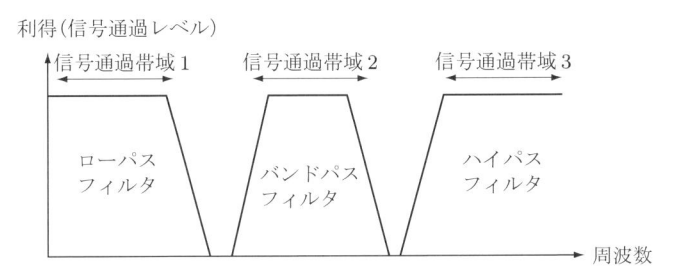

**図 4.1** いくつかのフィルタに関する周波数特性のイメージ

$$\text{電圧利得} = 20\log_{10}\left(\frac{\text{出力電圧 } V_{\text{out}}}{\text{入力電圧 } V_{\text{in}}}\right) \tag{4.1a}$$

$$\text{電流利得} = 20\log_{10}\left(\frac{\text{出力電流 } I_{\text{out}}}{\text{入力電流 } I_{\text{in}}}\right) \tag{4.1b}$$

$$\text{電力利得} = 10\log_{10}\left(\frac{\text{出力電力 } P_{\text{out}}}{\text{入力電力 } P_{\text{in}}}\right) \tag{4.1c}$$

ただし，フィルタは特定周波数成分の信号通過を抑制するものであり，出力信号は入力信号に対して減衰する．そこで，フィルタ特性を扱う際には，利得ではなく減衰量という表現を使うことも多い．

また，各種フィルタにおいて，信号が通過しにくくなる境界の周波数は遮断周波数とよばれる．遮断周波数は，電力比が $1/2$（電流比・電圧比が $1/\sqrt{2}$）となる周波数として定義され，フィルタへの入力電圧 $V_{\text{in}}$ と出力電圧 $V_{\text{out}}$ を例に挙げると，遮断周波数は，

$$\frac{V_{\text{out}}}{V_{\text{in}}} = \frac{1}{\sqrt{2}} \fallingdotseq 0.707 \quad \text{または，} \quad 20\log_{10}\left(\frac{V_{\text{out}}}{V_{\text{in}}}\right) = -3\,\text{dB} \tag{4.2}$$

を与える位置で定義される．

### Note 4.1 ディジタルフィルタとは

ディジタル回路において，離散信号を対象として設計するフィルタがディジタルフィルタである．ディジタルフィルタは，線形型と非線形型に大別され，前者については，有限インパルス応答（FIR；finite impulse response）フィルタと無限インパルス応答（IIR；infinite impulse response）フィルタが代表的である．

#### (1) FIR フィルタ

有限長で構成されるフィルタは，FIR フィルタとよばれる．FIR フィルタは，出力から入力へのフィードバックがなく安定し，位相特性の制御も容易であるという特徴をもつ．しかし，周波数領域で鋭い減衰特性を実現するためには，次数を高くする必要があるなどの課題もある．

入力を $x(i)$，出力を $y(i)$，フィルタの伝達関数（インパルス応答）の係数を $a_i$ ($i = 1, 2, \cdots, N$) とすると，次式の関係が成立する．

$$\begin{aligned} y(i) &= a_N x(i-N) + a_{N-1} x(i-N+1) + \cdots + a_2 x(i-2) + a_1 x(i-1) + a_0 x(i) \\ &= \sum_{k=0}^{N} a_k x(i-k) \end{aligned} \quad \text{(n.4.1)}$$

上式は $z$ 変換領域において，次式で表現される．

$$Y(z) = \sum_{k=0}^{N} a_k z^{-k} X(z) \quad \text{(n.4.2)}$$

これより，FIR フィルタの伝達関数は，次式で表現される．

$$H(z) = \frac{Y(z)}{X(z)} = \sum_{k=0}^{N} a_k z^{-k} \quad \text{(n.4.3)}$$

#### (2) IIR フィルタ

出力から入力へのフィードバックにより無限長の応答が続くフィルタは，IIR フィルタとよばれる．FIR フィルタに比較して良い周波数特性が得られるが，フィードバック帰路があるため，安定性が確実に保証されないという課題がある．

入力を $x(i)$，出力を $y(i)$，フィルタの伝達関数（インパルス応答）と入力へのフィードバックにかかわる係数を $a_i$ ($i = 1, 2, \cdots, N$), $b_i$ ($i = 1, 2, \cdots, M$) とすると，次式の関係が成立する．

$$\begin{aligned} y(i) &= a_N x(i-N) + a_{N-1} x(i-N+1) + \cdots + a_2 x(i-2) + a_1 x(i-1) + a_0 x(i) \\ &\quad - \{b_1 y(i-1) + b_2 y(i-2) + \cdots + b_M y(i-M)\} \\ &= \sum_{k=0}^{N} a_k x(i-k) - \sum_{j=1}^{M} b_j y(i-j) \end{aligned} \quad \text{(n.4.4)}$$

上式は $z$ 変換領域において，次式で表現される．

$$Y(z) = \sum_{k=0}^{N} a_k z^{-k} X(z) - \sum_{j=1}^{M} b_j z^{-j} Y(z) \qquad (\text{n.4.5})$$

これより，IIR フィルタの伝達関数は，次式で表現される．

$$H(z) = \frac{Y(z)}{X(z)} = \frac{\sum_{k=0}^{N} a_k z^{-k}}{\sum_{j=0}^{M} b_j z^{-j}} \quad (\text{ただし，} b_0 = 1 \text{ とする}) \qquad (\text{n.4.6})$$

$z$ 変換領域において，それぞれのフィルタのブロック図を図 n.4.1 に示す．ディジタルフィルタの設計では，必要とする周波数特性に近い仕様が実現できるように，フィルタの構造や内部係数を決定することになる．

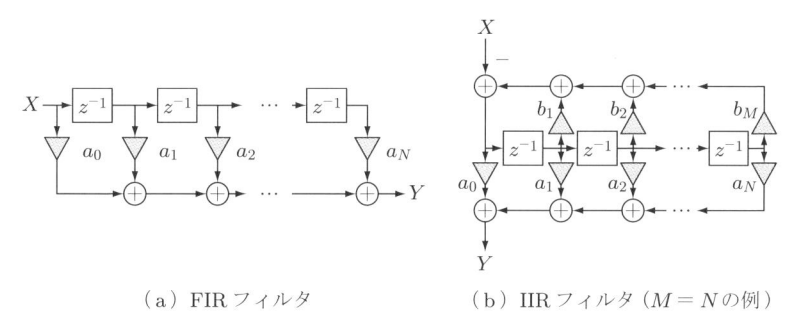

(a) FIR フィルタ　　(b) IIR フィルタ（$M = N$ の例）

図 n.4.1　FIR フィルタと IIR フィルタのブロック図

### 4.1.2　演算処理による雑音除去

観測信号から不要な雑音成分を除去する際，観測系にフィルタを実装するのではなく，コンピュータ上で演算処理を実施する方法もある．以下に代表的な手法を述べる．

### (1) 加算平均（アベレージング）

周期的な変動特性をもつような信号を反復して平均化し，雑音成分を抑制する方法が加算平均（同期加算処理）である．いま，観測回数 $i$ $(i = 1, 2, \cdots, M)$ での観測信号を $x_i(t)$ と仮定し，観測対象とする信号成分を $s_i(t)$，不要な雑音成分を $e_i(t)$ とすると，

$$x_i(t) = s_i(t) + e_i(t) \qquad (4.3)$$

と表現される．このとき，$M$ 回の観測時における加算平均は，次式で与えられる．

$$x(t) = \frac{1}{M}\left\{\sum_{i=1}^{M} s_i(t) + \sum_{i=1}^{M} e_i(t)\right\} \tag{4.4}$$

ここで，信号成分 $s_i(t)$ は，観測を繰り返しても同じ値が出現し，加算平均後も振幅値は変化しないと仮定する．一方，不要な雑音成分 $e_i(t)$ については，加算回数だけ平均化され振幅値は減少する．加算平均後の雑音成分の分散についても，式 (1.5) より，$M$ 回加算平均した後は $1/M$（標準偏差は $1/\sqrt{M}$）となり，ばらつきの度合いは加算回数とともに減少する．したがって，雑音成分の時間平均が 0 で白色雑音に近い場合は，平均化されて 0 に近づくことを意味する．

図 4.2 に，加算平均による雑音除去例を示す．加算回数の増加とともに，不要な雑音成分が除去されていくことがわかる．この例において，100 回の加算平均を実行したケースでは，雑音レベルは 1/10 程度となっており，SN 比が大きく改善されている．

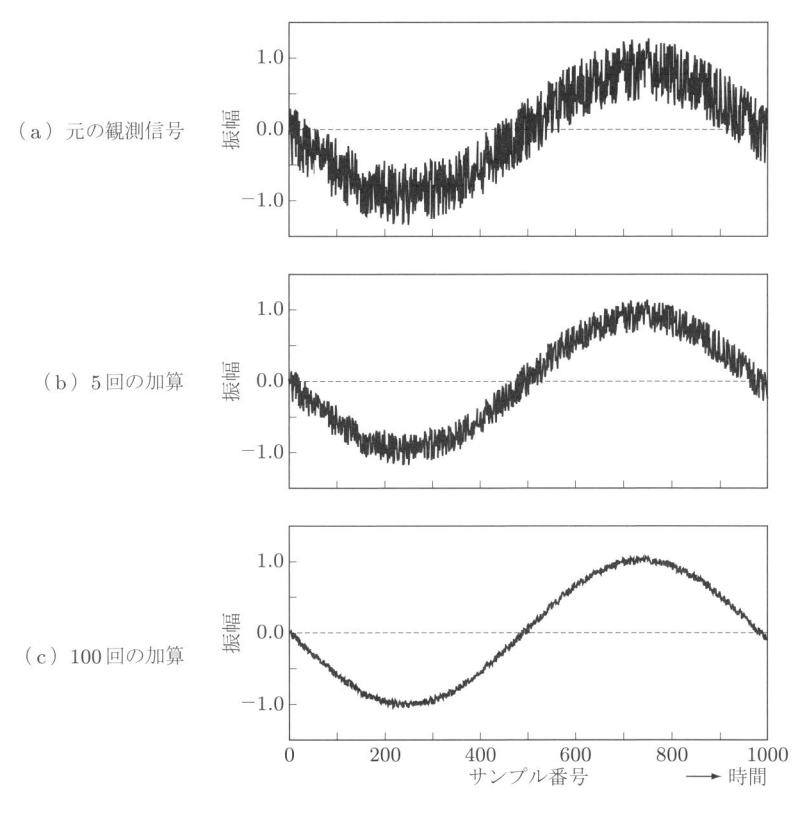

（a）元の観測信号

（b）5 回の加算

（c）100 回の加算

図 4.2 加算平均処理によるノイズ除去例

なお，加算平均による雑音除去は，観測対象とする信号の変動周期が一定であることが前提となる．また，雑音成分についても，その統計的性質が加算平均を行っている間に大きく変化せず，その時間平均が0となる不規則雑音が対象となる．したがって，不規則に信号や雑音の特性が変化するような条件下では，加算平均による雑音除去は十分な効果を期待することはできない．

### (2) 移動平均処理

観測信号については，一定範囲で移動平均をとる方法により，不要な雑音成分を抑制することができる．ここで，観測信号 $x(t)$ の $M$ 点の範囲の移動平均は，次式のようにいくつかの形式で定義できる．

$$y(t) = \frac{1}{M} \sum_{k=-L}^{L} x(t+k) \quad （ただし，L = \frac{M-1}{2}, M = 奇数） \tag{4.5}$$

$$y(t) = \frac{1}{M} \sum_{k=0}^{M-1} x(t+k) \tag{4.6}$$

$$y(t) = \frac{1}{M} \sum_{k=0}^{M-1} x(t-k) \tag{4.7}$$

ここで，式 (4.5) については時刻 $t$ の前後の範囲，式 (4.6) については時刻 $t$ 以降の範囲，式 (4.7) については，時刻 $t$ 以前の範囲を平滑化処理（平均化処理）する例を示している．

この手法により軽減できる雑音は，加算平均と同様に，その時間平均が0となる不規則雑音であることを前提とする．いま，平均値0の雑音の分散を考えると，加算平均のケースと同様に，平滑化後は $1/M$ となる．ただし，平滑化処理する点の数が多くなり過ぎると，抽出したい観測信号の詳細な変動特性が除去されたり，あるいは，波形ひずみが発生する可能性にも留意する必要がある．また，移動平均処理では，隣り合った雑音成分が互いの影響を受けるような場合には，不要な雑音成分の軽減効果が得られない可能性がある．

**図 4.3** に，$M = 3$ のときの移動平均処理の概念図を示す．一定間隔の値を平均化することで，不要な雑音が除去される．

次に，実際の観測信号に対して，移動平均処理を施した事例を**図 4.4** に示す．この例では，移動平均処理が10点と20点の事例を示しており，処理点が増加するほど不要な雑音成分が除去されていることがわかる．このとき，どの程度の平滑化処理数を

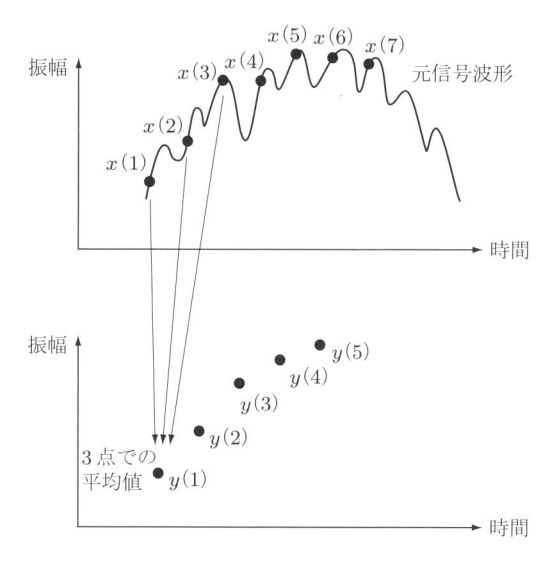

74　第4章　信号分離の解析手法（1）：雑音除去と変動成分の分離

図4.3　移動平均の処理イメージ（$M=3$のケース）

(a) 元の観測信号

(b) 10点の移動平均処理時

(c) 20点の移動平均処理時

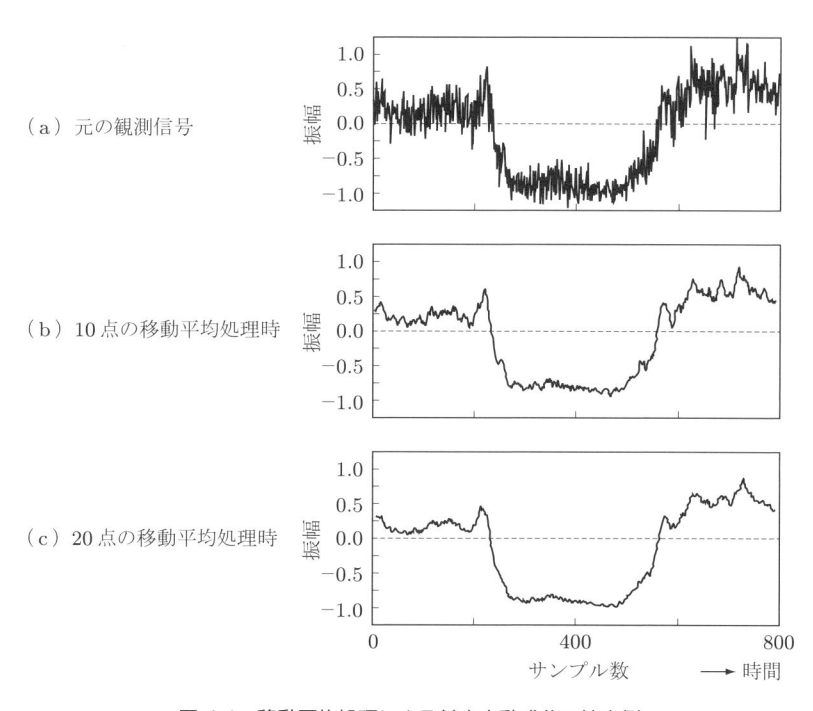

図4.4　移動平均処理による基本変動成分の抽出例

適用するかは，観測信号の特性により判断する必要があるが，この例では，おおむね $M = 20$ のケースで，主要な変動成分が抽出されている．

## (3) 周波数領域変換法

観測信号に含まれる信号と雑音成分の周波数特性が大きく異なるようなケースでは，時間領域から周波数領域へ一度変換し，不要な雑音成分が占有する周波数成分を除去した後に再び時間領域へ戻す手法も考えられる．図 4.5 に，この手法の概念図を示す．雑音が含む周波数成分が対象信号と大きく異なるときには，対象信号が容易に抽出できる．図が示すように，この手法は，4.1 節に記載したフィルタ操作と等価であり，高周波領域に存在する不要雑音を除去するのが一般的である．

なお，対象信号と雑音が単純な足し算の形式ではなく，畳み込み積分で与えられるようなケースでは，3.3 節で示したケプストラム解析のリフタ処理を用いる手法も有効である．

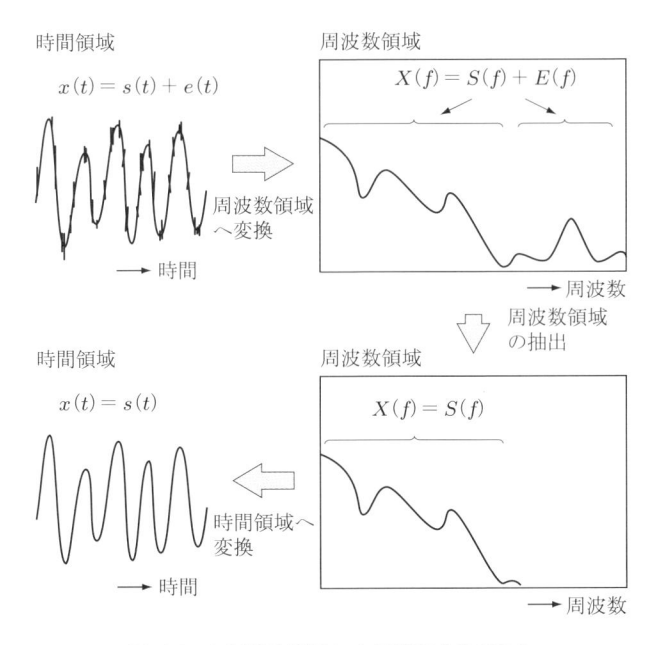

図 4.5 周波数変換法による雑音成分の除去

## 4.2 観測信号の変動成分の分離

実際に観測される信号には，雑音を含めて様々な変動成分が含まれているのが一般的である．一方，自然現象の観測時や工学的なプロセスにおいて，対象とする信号に含まれる様々な変動成分の抽出分離は，信号特性の把握だけに留まらず，予測問題，非定常的な変化点の検出などの点でしばしば重要な情報を与えてくれる．

図 4.6 は，異なる 2 種類の信号がそれぞれ複数の変動成分に分離される例を示している．この例では，定常信号の場合，主要な変動成分と不規則成分（雑音）に分離され，非定常信号の場合，トレンド成分（長期変動成分），トレンドライン上に重畳する変動成分，不規則成分（雑音）に分離されている．ここでは，非定常信号がトレンド成分を含む例を示したが，この変動成分は，信号の相対的に低い周波数成分に相当す

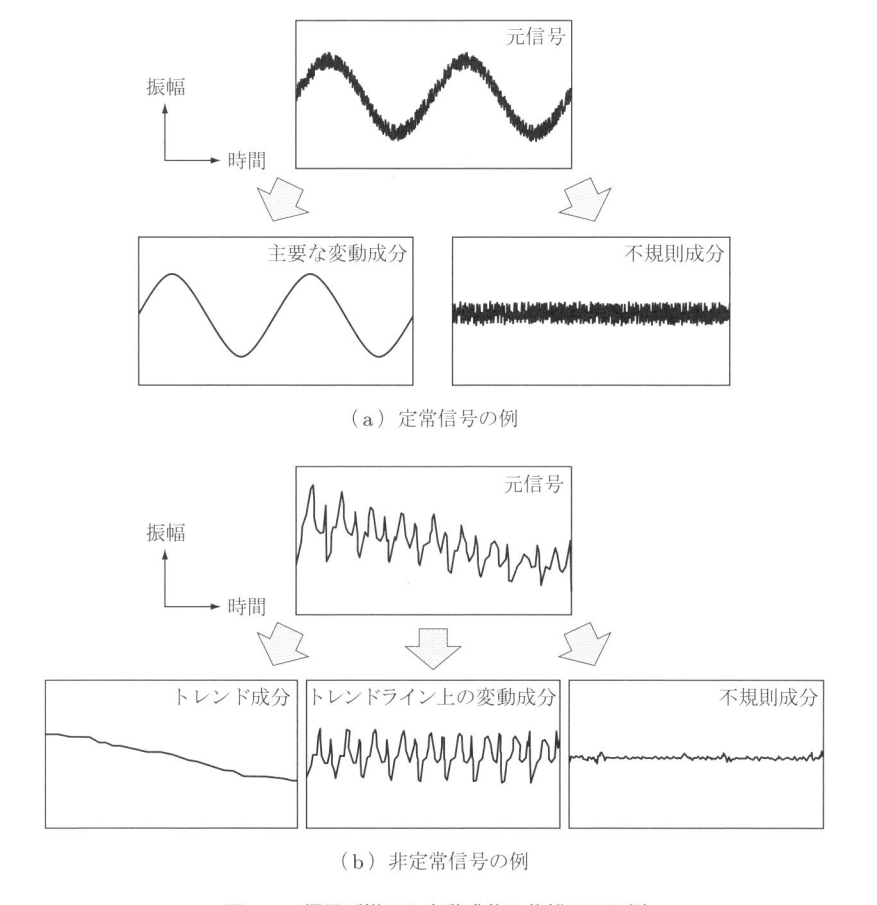

（a）定常信号の例

（b）非定常信号の例

図 4.6　信号が様々な変動成分に分離される例

る．また，トレンドライン上の変動成分は，経済時系列データを扱うケースなどでは季節変動成分などとよばれることがある．このように，信号の定常性・非定常性の違いや，対象とする時間区間などの違いにより，信号がもつ様々な変動成分をどのように扱うかという視点も異なってくる．

観測信号がもつ主要な変動成分の分離法としては，これまでに示した手法を含めて，以下のような例を挙げることができる．

① 観測信号にフィルタや演算処理を施して，観測信号がもつ高周波成分（雑音）を除去する（4.1 節参照）
② 線形・非線形モデルなどの各種モデル化手法やフーリエ級数展開などを用いて，観測信号を近似し，変動成分を抽出する（1.6, 1.7, 6.4 節参照）
③ 離散ウェーブレット関数（discrete wavelet function）をベースとする多重解像度解析により，観測信号の変動成分を分離する（4.3 節参照）
④ 特異スペクトル解析法（SSA；singular spectrum analysis）を用いて，観測信号の変動成分を分離する（4.4 節参照）
⑤ その他

上記で示した各手法の適用に際して，分離処理時の設定条件により，得られる分離成分の特性は大きく異なる．たとえば，上記①のフィルタ操作後に，信号の低周波成分の比率が高くなりすぎると，得られる分離成分は，本来抽出したい変動成分に対して大きくひずんでしまう可能性がある．観測信号の変動特性は様々であり，観測信号がもつ変動成分を分離するうえで，どの手法が優れているかを一概に決めることは難しいが，定常信号・非定常信号などの信号種別や目的に応じて，適用手法を選択していくことになる．

ここで，上記③，④で示す手法は，元の観測信号を複数レベルの構造に分離できる点に特徴があり，信号解析に関する様々な領域で利用されている．次節以降では，これまで扱っていない離散ウェーブレット変換と特異スペクトル解析法を説明する．

## 4.3　離散ウェーブレット変換

3.2.2 項で学んだ連続ウェーブレット関数を 2 進分割して得られるものが，離散ウェーブレット関数である．離散ウェーブレット変換は，元の信号波形を高周波成分と低周波成分に分解し，分解された低周波成分をまた高周波成分と低周波成分に分解するという処理を繰り返し行うことと等価であるため，多重解像度解析ともよばれる．

本節では，離散ウェーブレット変換の定義と特徴について述べる．

### 4.3.1 離散ウェーブレット変換の定義

離散ウェーブレット変換における2進分割の処理では，$a=2^j$, $b=2^j k$（$j,k$は整数）とおくことで，連続ウェーブレット関数が次式のように離散化して表現できる[†]．

$$\psi_{j,k}(t) = 2^{-j/2}\psi(2^{-j}t - k) \tag{4.8}$$

ここで，添字$j$は2倍ごとの拡大・縮小を表すパラメータであり，レベルとよばれる．$j$値が小さいほど高周波成分に対応し，時間$t$にかかる$2^{-j}$がフーリエ変換の角周波数に相当する．また，係数$k$は時間軸方向に移動（シフト）させるための変数となる．

ここで，内積を用いて定義される以下の直交条件を満足する$\psi$を想定する．

$$\begin{aligned}\langle \psi(t-k), \psi(t-n)\rangle &= \int_{-\infty}^{\infty}\psi(t-k)\psi^*(t-n)\,dt \\ &= \begin{cases} 1 & (n=k) \\ 0 & (n\neq k)\end{cases}\end{aligned} \tag{4.9}$$

上記は，ある整数$k$と$n$をシフトさせた二つのウェーブレット関数の内積が，$n=k$以外は0となることを意味する．こうした直交条件を満足するとき，信号$g(t)$は，離散ウェーブレット関数を基底として級数展開される．すなわち，$w_k^{(j)}$を展開係数として，次式で表現される．

$$g(t) = \sum_j \sum_k w_k^{(j)} \psi_{j,k}(t) \tag{4.10}$$

$$w_k^{(j)} = \int_{-\infty}^{\infty} g(t)\psi_{j,k}^*(t)\,dt \tag{4.11}$$

上式は，フーリエ級数展開で用いられる三角関数を離散ウェーブレット関数に置き換えた形に対応している．フーリエ級数展開では，対象とする信号が周期性をもつという前提条件の下で，1周期ぶんを近似区間としていた．一方，離散ウェーブレット関数を用いた級数展開では，信号の周期性や対象区間も任意であり，自由度が拡張することを意味する．離散ウェーブレット関数は，局所的な特性をもっており，フーリエ級数展開に比較して，非定常的（あるいは，過渡的）な信号への適用性が優れている．

### 4.3.2 ウェーブレット級数展開による信号分離

前項で述べたように，ウェーブレット展開の概念を用いて，信号を級数展開するこ

---

[†] なお，$a=2^{-j}$, $b=2^{-j}k$とおき，$\psi_{j,k}(t)=2^{j/2}\psi(2^j t - k)$と表現する形式も用いられる．

とができる．この級数展開は，信号を分解する処理と等価であり，スケーリング関数とよばれる関数（基底関数）の1次結合で近似することになる．この近似処理に際して，スケーリング関数は，離散ウェーブレット関数の一種の補助関数として与えられ，式 (4.8), (4.9) が同様に成立する．また，信号の近似精度はレベルに対応し，その値が大きくなるほど，粗い近似を意味する．

さて，以上を踏まえて，信号 $g(t)$ のレベル $j$ の近似関数は，スケーリング関数を $\phi$ として次式で表現される．

$$g_j(t) = \sum_k s_k^{(j)} \phi_{j,k}(t) \tag{4.12}$$

$$s_k^{(j)} = \int_{-\infty}^{\infty} g(t) \phi_{j,k}^*(t)\, dt \tag{4.13}$$

ここで，$s_k^{(j)}$ はスケーリング係数とよばれる．レベル 0 がもっとも高い精度での近似を示していると設定すると，レベル 0 の近似関数は，レベル 1 のスケーリング関数による成分 $g_1(t)$ とレベル 1 のウェーブレット関数による成分 $h_1(t)$ に分解される．

$$\begin{aligned} g_0(t) &= g_1(t) + h_1(t) \\ &= \sum_k s_k^{(1)} \phi_{1,k}(t) + \sum_k w_k^{(1)} \psi_{1,k}(t) \end{aligned} \tag{4.14}$$

この関係式を拡張すると，

$$g_1(t) = g_2(t) + h_2(t)$$
$$g_2(t) = g_3(t) + h_3(t)$$
$$\vdots$$
$$g_{j-1}(t) = g_j(t) + h_j(t)$$
$$\vdots$$

となる．

以上の関係に対して，精度の低いレベル $J$ まで分解するケースと想定すると，以下の式で表現される．

$$\begin{aligned} g_0(t) &= h_1(t) + h_2(t) + \cdots + h_J(t) + g_J(t) \\ &= \sum_{j=1}^{J} h_j(t) + g_J(t) \end{aligned} \tag{4.15}$$

上式は，信号 $g_0(t)$ が任意の粗さ $J$ レベルの近似信号 $g_J(t)$ と，レベル 1 から $J$ に至るウェーブレット成分の和で表現できることを意味する．これは，信号が $J$ 個の解像度の信号の和に分解できることを示しており，多重解像度解析とよばれる．多重解像度解析は，信号を異なる分解能成分の 1 次結合の形で表現し，信号分離やノイズ除去に有効な手法となる．図 4.7 に，$J=3$ のケースに対応する多重解像度解析による信号分離の概念図を示す．この例では，レベル 0 の信号 $g_0(t)$ から成分 $h_1(t)$ が最初に分離され，次に，レベル 1 の信号 $g_1(t)$ から成分 $h_2(t)$ が分離される処理がレベル 3 まで繰り返されている．

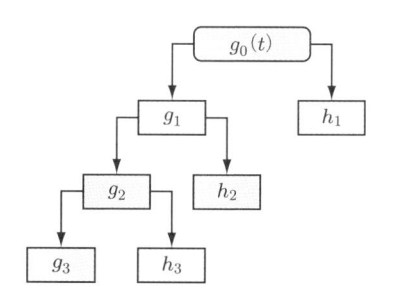

図 4.7 多重解像度解析による信号分離イメージ（$J=3$ のケース）

なお，離散ウェーブレット関数についても，様々なタイプが提案されている．このとき，多重解像度解析を構成するための条件が成立する必要があり，ウェーブレット関数に対して，スケーリング関数が対で与えられる．図 4.8 に，ドベシイ（Daubechies）によるウェーブレット関数とスケーリング関数（これを合わせてドベシイ関数という）の事例を示す．

ここで，過渡的な信号波形に対する多重解像度解析の適用例を図 4.9 に示す．解像

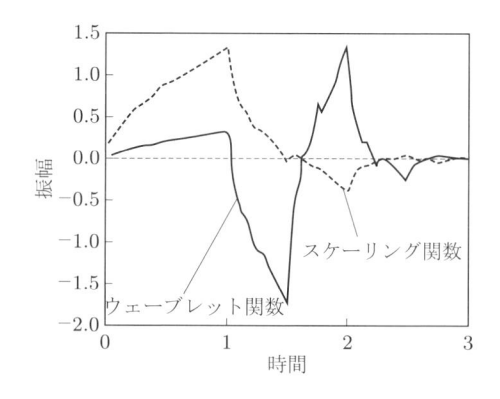

図 4.8 ドベシイ関数の例

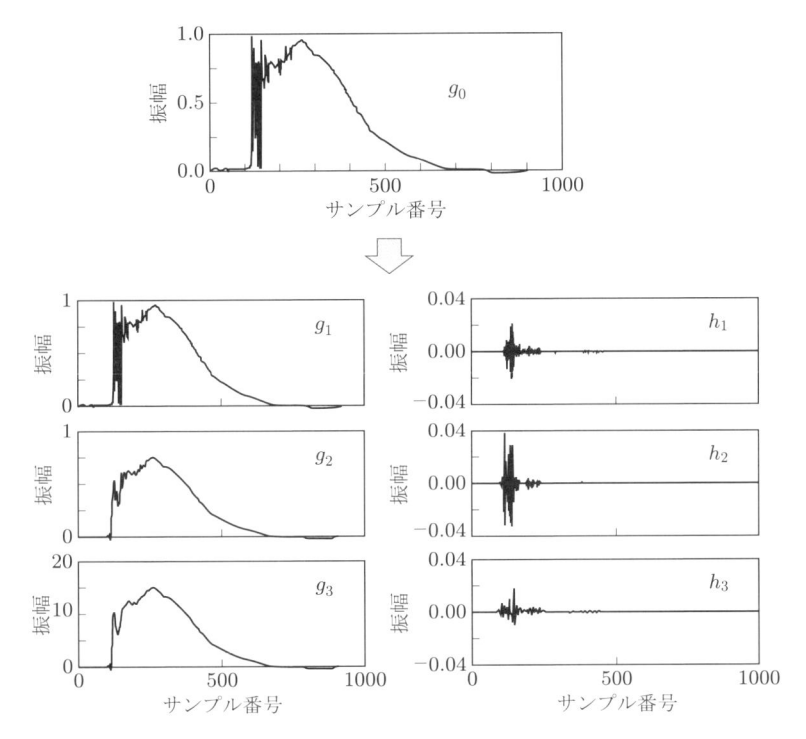

**図 4.9** 多重解像度解析による過渡信号波形の分離例

度レベル $J$ の増加とともに，元の信号波形より，主要な変動成分と振動成分が分離されていくことが確認できる．本手法は，信号のフィルタリング操作に対応し，観測信号からの基本成分や高周波数成分の分離抽出に有効であることを示している．

## 4.4 特異スペクトル解析法

特異スペクトル解析法（singular spectrum analysis）は，観測信号からの主要な変動成分の分離・抽出，観測信号の変化点や不規則点の検出，観測信号からの雑音除去などを目的として，非線形信号解析分野において発展した解析手法の一つである．フーリエ級数展開やウェーブレット級数展開のように，特定の基底関数を適用したり，あるいは，AR モデルのような特定のモデルを仮定せずに，信号の構造変化そのものを解析するため，非定常信号の分離に向いている．

本節では，特異スペクトル変換に基づく信号分離解析の概念と特徴を述べる．

### 4.4.1 特異スペクトル解析法の処理手順

特異スペクトル解析法は，元の観測信号の部分時系列からなる軌道行列（trajectory matrix）を構成し，その軌道行列を特異値分解する方法により，元信号を分離するという概念に基づく．ここで，軌道行列とは，時系列信号を順次切り出して得られる部分時系列より構成され，特異値分解（SVD；singular value decomposition）とよばれる手法を適用することで信号を分離分割するアプローチをとる．

観測信号の解析に際して，本手法は，軌道行列の構成，軌道行列の分解，時系列信号の復元の三つのステップに大別される．

#### (1) ステップ1：軌道行列の生成

まず，観測信号より切り出した部分時系列から構成される軌道行列を生成する．いま，観測信号を $x(i)$ $(i = 1, 2, \cdots, m)$ とし，窓区間 $m - n + 1$ の部分時系列 $\{x(i), x(i+1), \cdots, x(i+m-n)\}$ $(i = 1, 2, \cdots, n)$ を用いて，軌道行列は，

$$\boldsymbol{X} = \begin{pmatrix} x_1 & x_2 & \cdots & x_n \\ x_2 & x_3 & \cdots & x_{n+1} \\ \vdots & \vdots & \ddots & \vdots \\ x_{m-n+1} & x_{m-n+2} & \cdots & x_m \end{pmatrix} \tag{4.16}$$

と与えられる．上式より，軌道行列は，第 $i$ 行第 $j$ 列成分と，第 $i-1$ 行第 $j+1$ 列成分が等しい行列となっていることがわかる．ここで，$n$ は観測信号の変動特性を反映できるように十分に大きい値を選択する．

#### (2) ステップ2：軌道行列の分解

次に，得られた軌道行列に対して，特異値分解を適用する（⇒ p.84 **Note** 4.2）．特異値分解とは，任意の $m \times n$ の行列 $\boldsymbol{X}$ が与えられたときに，$\boldsymbol{U}^T \boldsymbol{U} = \boldsymbol{V}^T \boldsymbol{V} = \boldsymbol{E}$（$\boldsymbol{E}$：単位行列）を満たす正規直交行列 $\boldsymbol{U}(m \times r), \boldsymbol{V}(n \times r)$（ただし，$r \leqq \min(m, n)$）を用いて分解するための手法であり，次式の関係が成立する[†]．

$$\boldsymbol{X} = \boldsymbol{U}\boldsymbol{W}\boldsymbol{V}^T \tag{4.17}$$

---

[†] なお，$m$ 次直交行列 $\boldsymbol{U}(m \times m)$ と $n$ 次直交行列 $\boldsymbol{V}(n \times n)$ を用いて

$$\boldsymbol{X} = \boldsymbol{U} \left( \begin{array}{c|c} \boldsymbol{W}(r \times r) & 0 \\ \hline 0 & 0 \end{array} \right) \boldsymbol{V}^T$$

に分解するケースが特異値分解の標準形として位置づけられる．式 (4.17), (4.18) では $\boldsymbol{U}$ および $\boldsymbol{V}$ は正方行列ではなく，演算処理の負荷は一般的により軽くなる．

ここで，$\boldsymbol{W}(r \times r)$ は対角成分以外が 0 となる行列（対角行列）である．対角成分 $\lambda_1 > \lambda_2 > \cdots > \lambda_r$ は特異値とよばれる．

$$\boldsymbol{W} = \begin{pmatrix} \lambda_1 & & & \boldsymbol{0} \\ & \lambda_2 & & \\ & & \ddots & \\ \boldsymbol{0} & & & \lambda_r \end{pmatrix} \tag{4.18}$$

したがって，式 (4.17) に関して，$\boldsymbol{U} = (\boldsymbol{u}_1, \boldsymbol{u}_2, \cdots, \boldsymbol{u}_r)$，$\boldsymbol{V} = (\boldsymbol{v}_1, \boldsymbol{v}_2, \cdots, \boldsymbol{v}_r)$ とおくと，

$$\boldsymbol{X} = \lambda_1 \boldsymbol{u}_1 \boldsymbol{v}_1^T + \lambda_2 \boldsymbol{u}_2 \boldsymbol{v}_2^T + \cdots + \lambda_r \boldsymbol{u}_r \boldsymbol{v}_r^T \tag{4.19}$$

と表現され，これは行列のスペクトル分解とよばれる．

このように，$\boldsymbol{X}$ は特異値 $\lambda_1 > \lambda_2 > \cdots > \lambda_r$ を用いて分解され，$i$ 番目の成分を $\boldsymbol{X}_i = \lambda_i \boldsymbol{U}_i \boldsymbol{V}_i^T (= \lambda_i \boldsymbol{u}_i \boldsymbol{v}_i^T)$ とおくと，次式で表現することができる．

$$\boldsymbol{X} = \boldsymbol{X}_1 + \boldsymbol{X}_2 + \cdots + \boldsymbol{X}_r \tag{4.20}$$

上式において，すべての特異値の合計に占める特異値 $\lambda_i$ の大きさの比率が，$\boldsymbol{X}_i$ を用いて軌道行列 $\boldsymbol{X}$ を近似する際の目安となる．すなわち，式 (4.20) で項数を増やすほど，元の軌道行列を正確に再現することを意味し，特異値が占める比率に応じて，観測信号に占める成分比が変動する．

### (3) ステップ3：信号の復元

ステップ2で示したように，軌道行列 $\boldsymbol{X}$ は式 (4.20) で展開され，展開時の項数を増やすほど，元の観測信号に近づく．ここで，軌道行列 $\boldsymbol{X}$ を近似する項数を $p$ とすると，次式で表現される．

$$\boldsymbol{X} \fallingdotseq \boldsymbol{X}_1 + \boldsymbol{X}_2 + \cdots + \boldsymbol{X}_p \equiv \boldsymbol{X}_{(p)} \tag{4.20}'$$

上式の近似項について，第 $i$ 行第 $j$ 列成分と，第 $i-1$ 行第 $j+1$ 列成分が等しい軌道行列を表現することができれば，分解した信号列は容易に再構成されるが，実際にそうなるとは限らない．そこで，項数 $p$ の行列 $\boldsymbol{X}_{(p)}$ より元信号列を復元する方法として，その対角成分に対して平均化処理して，軌道行列を生成する手法が提案されている．

たとえば，$4 \times 3$ の行列

$$\boldsymbol{X}_{(p)} = \begin{pmatrix} x_{11} & x_{12} & x_{13} \\ x_{21} & x_{22} & x_{23} \\ x_{31} & x_{32} & x_{33} \\ x_{41} & x_{42} & x_{43} \end{pmatrix}$$

を例に挙げると，信号ベクトルは，

$$\boldsymbol{x}_{(p)} = \left( x_{11}, \frac{x_{21}+x_{12}}{2}, \frac{x_{31}+x_{22}+x_{13}}{3}, \frac{x_{41}+x_{32}+x_{23}}{3}, \frac{x_{42}+x_{33}}{2}, x_{43} \right)$$

と与えられる．これにより，項数 $p$ の軌道行列 $\boldsymbol{X}_{(p)}$ から主要な信号列 $x_{(p)}$ を再構成することができる．

### Note 4.2 特異値分解について

特異値分解では，任意の $m \times n$ の行列 $\boldsymbol{X}$ が与えられたときに，$\boldsymbol{U}^T\boldsymbol{U} = \boldsymbol{V}^T\boldsymbol{V} = \boldsymbol{E}$（$\boldsymbol{E}$：単位行列）を満たす直交行列 $\boldsymbol{U}$ ($m \times r$), $\boldsymbol{V}$ ($n \times r$) を用いて，式 (4.17)

$$\boldsymbol{X} = \boldsymbol{U}\boldsymbol{W}\boldsymbol{V}^T$$

が成立する．ここで，$\boldsymbol{W}$ ($r \times r$) は対角成分以外が 0 となり，特異値 $\lambda_1 > \lambda_2 > \cdots > \lambda_r$ を対角要素とする行列となる．

ところで，$\boldsymbol{X}^T\boldsymbol{X}$ については，

$$\boldsymbol{X}^T\boldsymbol{X} = (\boldsymbol{U}\boldsymbol{W}\boldsymbol{V}^T)^T(\boldsymbol{U}\boldsymbol{W}\boldsymbol{V}^T) = (\boldsymbol{V}\boldsymbol{W}^T\boldsymbol{U}^T)(\boldsymbol{U}\boldsymbol{W}\boldsymbol{V}^T) = \boldsymbol{V}\boldsymbol{W}^T\boldsymbol{W}\boldsymbol{V}^T \tag{n.4.7}$$

より，

$$\boldsymbol{X}^T\boldsymbol{X}\boldsymbol{V} = \boldsymbol{V}\boldsymbol{W}^T\boldsymbol{W} = \boldsymbol{V}\boldsymbol{W}^2 \tag{n.4.8}$$

が得られる．ここで，$\boldsymbol{X}^T\boldsymbol{X}$ ($\equiv \boldsymbol{Y}$) と $\boldsymbol{V}$ の関係に着目すると，

$$\boldsymbol{Y}\boldsymbol{V} = \boldsymbol{V} \begin{pmatrix} \lambda_1^2 & & & \boldsymbol{0} \\ & \lambda_2^2 & & \\ & & \ddots & \\ \boldsymbol{0} & & & \lambda_r^2 \end{pmatrix} \tag{n.4.8}'$$

より，$\boldsymbol{Y}$ ($= \boldsymbol{X}^T\boldsymbol{X}$) の固有値が $\lambda_1^2, \lambda_2^2, \cdots, \lambda_r^2$, $\boldsymbol{Y}$ ($= \boldsymbol{X}^T\boldsymbol{X}$) の固有ベクトルが $\boldsymbol{V}$ の列ベクトルに対応する．また同様に，$\boldsymbol{X}\boldsymbol{X}^T$ の固有値が $\lambda_1^2, \lambda_2^2, \cdots, \lambda_r^2$, $\boldsymbol{X}\boldsymbol{X}^T$ の固有ベクトルが $\boldsymbol{U}$ の列ベクトルに対応する．

### 4.4.2 特異スペクトル解析法の特徴と適用例

ここまでに整理したように，特異スペクトル解析法による信号分離では，元の観測信号より切り出した部分時系列から構成される軌道行列の生成が第 1 ステップとなる．この軌道行列は，過去から切り出した信号列から構成され，様々な変動パターンを列ベクトルとして並べた履歴の和に相当する．ステップ 2 における軌道行列の分解は，特異値分解により，代表的なパターンを抽出するプロセスに対応している．したがって，他手法のように，特定の基底関数やモデル構造を事前に決める必要がない点で，とりわけ非定常信号の構造解析に有効であると考えられる．

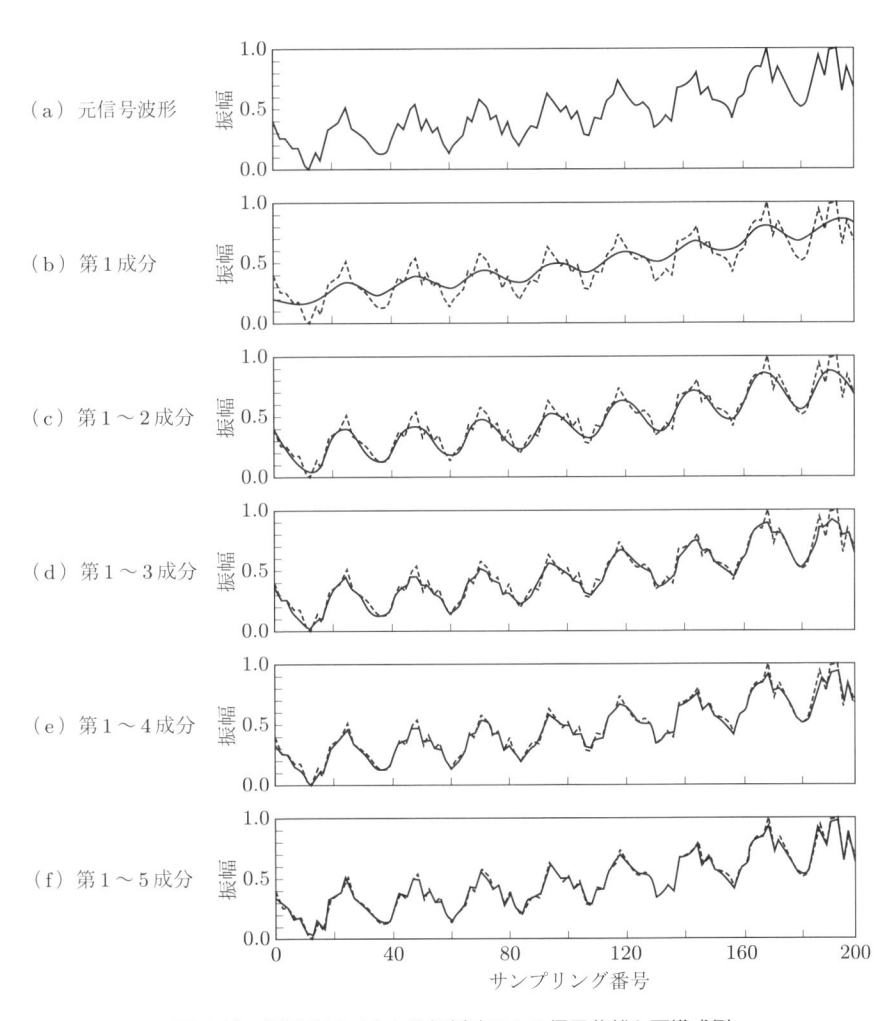

図 4.10　特異値スペクトル解析法による信号分離と再構成例

ここで，図 4.10(a) に示す元の観測信号に対して，本手法を適用した例を図 (b)〜(f) に示す．図では，項数 $p$ に応じて，元信号を再構成した例を示しており，たとえば，$p=1$ のみのケースでは，観測信号の基本トレンド成分にほぼ対応し，$p=1$〜5 の合計成分では，元の信号に近い変動を示す結果となっている．

どの程度の項数で元の信号波形に一致するかは，元信号波形の変動特性により異なるが，元信号波形と再構成した信号波形の残差の変動レベルを評価することで，再構成した信号波形が元信号に占める比率を把握することができる．

## 演習問題

**4.1** ある周期信号に雑音が含まれている．この周期信号を $M$ 回観測して平均（加算平均）をとるとき，SN 比はどの程度改善されるか．

**4.2** 時系列データ $\{0.00, 1.10, 1.80, 0.50, 2.00, 2.80, 3.50, 2.70\}$ に対して，2 点，3 点，4 点の各範囲の移動平均を求めよ．

**4.3** 多重解像度解析において，レベル $j$ のスケーリング関数 $\phi_{j,k}(t)$ が 1 レベル精度のよい $\phi_{j-1,k}(t)$ により近似できるという条件が必要である．これをシフト $k=0$ の条件で考えると次式で整理され，ツースケール関係とよばれる．

$$\phi_{j,0}(t) = \sum_n p_n \phi_{j-1,n}(t)$$

ここで，上式において，$p_n$ はある数列（展開係数）である．$j=1$ のケースについて，次式が成立することを確認せよ．

$$\phi_{1,0}(t) = p_0 \phi_{0,0}(t) + p_1 \phi_{0,1}(t)$$

**4.4** 以下の行列 $\boldsymbol{X}$ について，特異値分解を実行せよ．

$$\boldsymbol{X} = \begin{pmatrix} 0 & 2 \\ 1 & 0 \end{pmatrix}$$

# 第5章 信号分離の解析手法（2）：重畳信号の分離

対象とする観測信号には，しばしば複数の異なる信号源からの成分が混在（重畳）するケースがある．複数の信号成分が重畳するような観測信号を扱う際，それぞれの信号成分の特性を明らかにする観点から，個々の信号成分ごとに分離処理することが必要となる．こうした信号分離は必ずしも容易ではないが，ある一定条件が仮定できれば，対処することが可能となる．

本章では，観測信号に複数の孤立波が重畳したケースと，統計的な特性が異なる複数の信号が重畳したケースを想定した信号の分離解析手法を学ぶ．

## 5.1 重畳した孤立波形の分離解析

たとえば，周波数領域における信号計測に際して，複数の孤立波形が異なる周波数を中心として分布し，相互に重なって観測されることがある．こうしたケースでは，個々の孤立波を分離分割しなければ，各信号成分の特性を正確に把握することができない．本節では，孤立波形関数を仮定するモデル化に基づく波形分離により，個々の信号成分を分離するための解析手法を説明する．

### 5.1.1 孤立波形モデルの設定

周波数領域における信号計測の例として，複数の孤立波形が重畳した様子を図 5.1 に示す．図が示すように，比較的近接した領域に複数の孤立波形が存在すると，それぞれの孤立波形が重なり合うことで，ピーク値やピーク値を与える周波数位置を正確に評価できない．このため，それぞれの信号特性を把握するためには，これら孤立波形を分離処理する必要がある．

複数の孤立波形が重畳して観測される合成信号の分離処理では，各孤立波形の形状とベースラインが既知の関数を用いてモデル設定する．その際に用いられる関数の例として，ガウス関数を挙げることができる．

$$\text{ガウス関数：} h_G(f) = A \exp\left\{-\frac{(f-f_0)^2}{d^2}\right\}$$

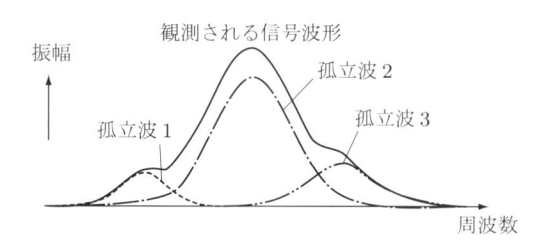

図 5.1 複数の孤立波が重畳した観測信号

ここで，$A$ は波形ピーク値，$f_0$ は孤立波形のピーク値を与える周波数，$d$ は孤立波形の半値幅を規定する値となる．

$N$ 個の異なる孤立波形 $h_i(f_j)$ $(i = 1, 2, \cdots, N,\ j = 1, 2, \cdots, m,\ m$：周波数軸上のサンプル数$)$ が重畳したモデル波形 $y_e(f_j)$ $(j = 1, 2, \cdots, m)$ については，ベースラインを $b(f_j)$ $(j = 1, 2, \cdots, m)$，雑音成分を $e(f_j)$ $(j = 1, 2, \cdots, m)$ として，次式で表現することができる．

$$y_e(f_j) = \sum_{i=1}^{N} h_i(f_j) + b(f_j) + e(f_j) \tag{5.1}$$

### 5.1.2 孤立波形の分離処理

複数の孤立波形が重畳した観測信号より，各孤立波形を分離する処理では，式 (5.1) により定義した波形モデルの未知定数を観測信号に適合するように決定する．一般的には，観測値とモデル波形の差の二乗誤差を評価関数として設定することになり，孤立波形の数，ピーク位置，ピーク値（暫定値）などを前処理として導出する．

まず，観測信号に含まれる孤立波形のピーク数の推定手法として，観測信号の 2 次微分と 3 次微分を挙げることができる．ここで，元の観測信号を 2 次微分した場合，孤立波形のピーク値付近において負方向に極小値（変曲点）をとり，また，3 次微分した場合には，負方向から正方向に対して 0 を横切る特性をもつ（図 5.2）．したがって，観測信号の 2 次微分と 3 次微分は，それぞれ孤立波形のピーク位置とピーク数を与えることを意味する．ただし，このとき，観測信号に含まれる雑音の影響を考慮して，一定のしきい値を超える成分を対象とする処理を施すことが望ましい．また，観測信号にピーク特性をもつ孤立波を含むことが前提条件となる．ベースラインを既知と仮定した条件の下で，孤立波形の数とピーク位置を決定後，各孤立波形関数の振幅値 $A$ が暫定値として導出される．

以上の前処理により，孤立波形の数などを決定後，観測信号 $y(f)$ と式 (5.1) による

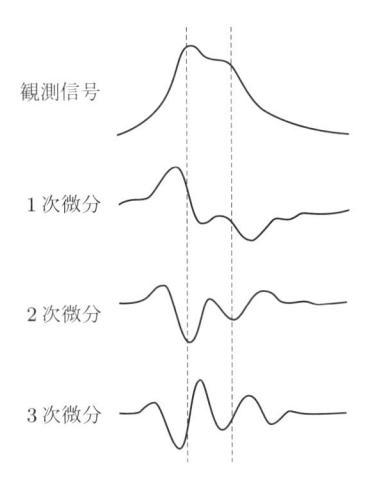

**図 5.2　複数の孤立波が重畳した観測信号の微分処理例**

モデル波形 $y_e(f)$ の差分を用いて，評価関数が次式のように定義される．

$$E = \sum_{j=1}^{m} W_j \{y(f_j) - y_e(f_j)\}^2 \tag{5.2}$$

ここで，$W_j$ は重み係数であり，$W_j = 1$ としたり，あるいは，観測信号の偏差の二乗和などを考慮した値が適用される．また，上式で定義した評価関数の適用に際しては，目的関数の勾配を用いる最急降下法やニュートン法，さらには目的関数を直接的に探索するシンプレックス法などが用いられる（⇒ p.90 **Note** 5.1）．

以下，最急降下法による基本原理を例として説明する．この手法では，評価関数 $E$ の 1 次微分が 0 となる条件を最小値とみなし，その条件を与えるパラメータを最適化する．ここで，モデル波形に含まれるパラメータを $a_1, a_2, \cdots, a_k$ とすると，評価関数 $E$ の 1 次微分は，

$$dE = \left(\frac{\partial E}{\partial a_1}\right) da_1 + \left(\frac{\partial E}{\partial a_2}\right) da_2 + \cdots + \left(\frac{\partial E}{\partial a_k}\right) da_k \tag{5.3}$$

で与えられ，その勾配ベクトルは，

$$\nabla E = \left(\frac{\partial E}{\partial a_1}, \frac{\partial E}{\partial a_2}, \cdots, \frac{\partial E}{\partial a_k}\right)$$

となる．したがって，$-\nabla E$ 方向にパラメータを移動する方法により，評価関数を最小化することができる．ここで，計算更新回数を $t$，移動量に関する係数を $\alpha$ とすると，パラメータの補正値は，

$$E(a_1(t+1), a_2(t+1), \cdots, a_k(t+1)) = E(a_1(t), a_2(t), \cdots, a_k(t)) - \alpha|\nabla E| \tag{5.4}$$

と与えられる．前処理として導出した振幅値 $A$（暫定値）を初期値として適用し，半値幅なども適宜補正する方法により，一定値に収束するまで反復する．

以上で示した手順により複数の孤立波形が重畳した観測信号を分離処理する際には，選択するモデル関数の妥当性も検証する必要がある．

### Note 5.1 最適化手法について

与えられた条件の中で目的関数を最小化（あるいは，最大化）する解を探索する処理は，最適化手法とよばれる．式 (5.2) の評価関数を探索する処理は，目的関数を非線形とした非線形最適化手法にあたる．

最適化手法は，目的関数の勾配（傾き）を導出し，その減少の度合いに基づいて最適解を探索する手法と，直接的に解を探索する直接探索法に大別される．前者は，一般的に勾配法と総称されており，目的関数の勾配を求めて最適解を探索する最急降下法やニュートン法などがある．

さて，目的関数の勾配を用いる最適化手法では，適当な初期値 $\boldsymbol{x}_0$ から出発し，反復公式

$$\boldsymbol{x}(t+1) = \boldsymbol{x}(t) + \alpha(t)\boldsymbol{d}(t) \tag{n.5.1}$$

によって最適解 $\boldsymbol{x}^*$ を求める．ここで $\alpha(t)$ はステップ幅，$\boldsymbol{d}(t)$ は解の探索方向を決める勾配ベクトル，$t$ は更新回数である．目的関数を $f(\boldsymbol{x})$ とおくと，勾配ベクトル $\boldsymbol{d}(t)$ は，

$$\boldsymbol{d}(t) = -\frac{\nabla f(\boldsymbol{x})}{\boldsymbol{H}(t)} \quad \left(\text{ただし}, \nabla = \frac{\partial}{\partial \boldsymbol{x}}\right) \tag{n.5.2}$$

という形で与えられることが多い．

このとき，$\boldsymbol{H}$ はヘッセ行列とよばれ，最急降下法では，$\boldsymbol{H} = \boldsymbol{E}$（単位行列），ニュートン法では $\boldsymbol{H} = \nabla^2 f(\boldsymbol{x})$ に対応する．

図 n.5.1 は，1 次元の目的関数 $f(x)$ を最小化する最適解 $x^*$ の探索に際して，最急降下法を適用した概念図を示している．この例では，$f(x)$ の勾配により探索方向を決定し，$\nabla f(x) = 0$（勾配 0）の条件を最適解とするイメージに対応している．

また，後者（直接探索法）については，$n$ 次元空間の単体（シンプレックス）を想定し，ある初期値よりその単体を移動・縮小・拡大しながら最適解を求めるシンプレックス法などがある．

演算処理の効率性の点を除くと，勾配法を適用するケースが多いが，観測信号の特徴に応じて，最適化手法による推定精度を検証してみることが望ましい．

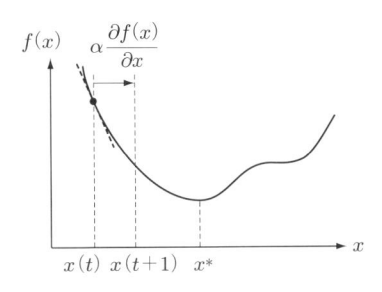

図 n.5.1 最急降下法による目的関数の最適化

## 5.2 複数信号が重畳した多地点観測信号の分離解析：独立成分分析

われわれは，複数の人が会話する声が重なった状況下でも，しばしば個々の人の声を聞き分けることができる．このような，複数の異なる信号源からの信号が重畳して観測される場合に，観測信号のみから各信号源（元信号）を分離推定する問題は，ブラインド信号分離（BSS；blind source separation）とよばれる．

本節では，このような複数信号が重畳した環境下で適用可能な独立成分分析（ICA；independent component analysis）の概要と適用例を述べる．

### 5.2.1 独立成分分析の問題設定

複数の信号源がある状況の下で，それぞれの信号源からの信号が未知の比率で混合して観測されるケースを想定する．このとき，$i$ 番目の信号源からの信号を $s_i(t)$ $(i=1,2,\cdots,n)$，$i$ 番目の観測信号を $x_i(t)$ $(i=1,2,\cdots,m)$，信号源の線形混合比を決定する未知係数を $a_{ij}$ とすると，次式により表現することができる．

$$\left.\begin{aligned}x_1(t) &= a_{11}s_1(t) + a_{12}s_2(t) + \cdots + a_{1n}s_n(t) \\ x_2(t) &= a_{21}s_1(t) + a_{22}s_2(t) + \cdots + a_{2n}s_n(t) \\ &\vdots \\ x_m(t) &= a_{m1}s_1(t) + a_{m2}s_2(t) + \cdots + a_{mn}s_n(t)\end{aligned}\right\} \tag{5.5}$$

ここで，観測信号を $\boldsymbol{x} = (x_1(t),\ x_2(t),\ \cdots,\ x_m(t))^T$，元信号を $\boldsymbol{s} = (s_1(t),\ s_2(t),\ \cdots,\ s_n(t))^T$，未知係数で定義される混合行列を $\boldsymbol{A}$ とすると，上式は，次のように表される（$T$：転置操作）．

$$\boldsymbol{x} = \boldsymbol{A}\boldsymbol{s} \tag{5.6}$$

独立成分分析では，元信号 $s$ が互いに統計的に独立であると仮定し，観測信号 $x$ のみから元信号 $s$ を分離推定することを目的とする．

すなわち，この前提条件の下で，次式を満たす行列 $W$ ($\fallingdotseq A^{-1}$) を導出することができれば，観測信号 $x$ より元信号 $s$ ($\fallingdotseq y$) が推定できることを意味する．

$$s \fallingdotseq y = Wx \tag{5.7}$$

独立成分分析は，元信号 $s$ の統計的な特性が独立であるという仮定の下で行列 $W$ を導出し，元信号 $s$ を推定する．

なお，実際の観測信号中には，雑音が含まれることが多く，上式の定義においては，雑音項を仮定するケースもある．また，元信号の数と観測信号の数は必ずしも同じではないが，基本的には，元信号の数と観測信号の数は等しいと仮定する．すなわち，行列 $W$ が正方行列（$n \times n$ 行列）とし，その逆行列を導出する方法により，元信号が分離推定できる．一方，観測信号の数が元信号の数に不足する場合は，元信号の分離推定処理は複雑になるか，あるいは，分離処理自体が実行できない．

### 5.2.2 独立性の判定基準

異なる確率変数 $y_i$ と $y_j$ ($i \neq j$) について，統計的な特性が異なり，互いの情報が相互に影響を与えない場合，確率変数 $y_i$ と $y_j$ は独立であると解釈される．ここで，異なる確率変数の結合確率密度分布 $p(y_1, y_2, \cdots, y_n)$ を用いて定式化し，

$$p(y_1, y_2, \cdots, y_n) = p(y_1)p(y_2)\cdots p(y_n) = \prod_{i=1}^{n} p(y_i) \tag{5.8}$$

と分解表現できれば，各変数 $y_i$ ($i = 1, 2, \cdots, n$) は互いに独立とみなすことができる．図 5.3 に，確率変数の独立性の概念図を示す．異なる変数間に強い関連性がある場合，同時確率分布には大きな偏りが発生することを示している．

さて，独立成分分析における行列 $W$ の推定に際して，信号の独立性の評価基準がいくつか提案されている．以下に代表的な評価基準を述べる．

### (1) 無相関性の評価

異なる確率変数 $y_i$ と $y_j$ ($i \neq j$) が互いに独立である場合には，相互相関関数と共分散（1.4, 1.5 節参照）について，以下の関係が成立する．

$$R_{y_i y_j} = E[y_i\, y_j] = E[y_i]E[y_j] \tag{5.9}$$

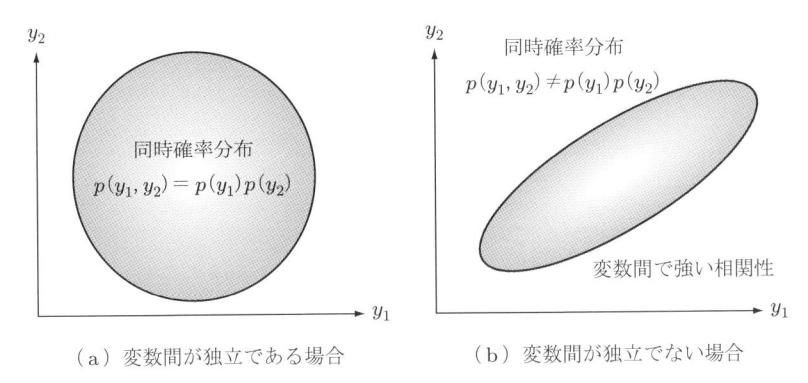

## 5.2 複数信号が重畳した多地点観測信号の分離解析：独立成分分析

(a) 変数間が独立である場合 　　(b) 変数間が独立でない場合

図 5.3 変数 $y_1, y_2$ 間の同時確率分布

$$C_{y_i y_j} = E[(y_i - m_{yi})(y_j - m_{yj})] = 0$$
（ただし，$m_{yi}, m_{yj}$ はそれぞれ $y_i, y_j$ の平均値） (5.10)

式 (5.10) は，確率変数が互いに無相関であることを意味する．異なる確率変数が独立である場合，確率変数は必ず無相関になるが，式 (5.10) が成立しても逆に確率変数が独立になるとは限らない．したがって，無相関性は，厳格な独立性の基準とはならないが，簡易な評価手法として利用することができる．

### (2) 非ガウス性の評価

確率論の中心極限定理によれば，様々な確率変数を足していくと正規分布（ガウス分布）に近づいていく．この定理は，独立な確率変数の和が，それぞれ元の確率変数の分布よりもガウス分布に近づくことを意味する．この性質を逆に利用すると，ガウス分布より離れる方向（＝非ガウス性を最大化する方向）が確率変数の独立性の評価尺度の一つとなる．

① 尖度による評価：

古典的な非ガウス性の評価尺度として，尖度を用いる手法が提案されている．1.4.2 項で述べたように，確率変数の平均値の周りのモーメントは中心モーメントとして定義され，式 (1.10) において，$n = 4$ のケースが尖度とよばれる指標に関連する．このとき，平均値が 0 の確率変数 $y$ の非ガウス性を測る尖度として，次式のような関数を利用することができる．

$$\text{kurt}(y) = E[y^4] - 3\{E[y^2]\}^2 \tag{5.11}$$

なお，尖度は，外れ値の影響を受けやすいという課題があることが知られており，確

率変数の中で，たまたま値がほかと異なるものが少数含まれているようなケースでは，尖度が大きく変化する可能性がある．その意味で，尖度は非ガウス性の点で頑強な尺度とはいえない．

② ネゲントロピーによる評価：

無秩序さや不確実性の度合いを示すエントロピーは，情報理論において重要な概念であり，確率変数のランダム性が増加するほどその値も大きくなる（⇒ p.146 付録 A.3.1）．ところで，ガウス分布は，確率変数の分散特性より，エントロピーが最大となる確率分布に対応することが知られている．逆に，ある確率変数の分布が特定値に集中する傾向にある場合（非ガウス型），エントロピーの値は小さくなる．

よって，確率変数ベクトル $\boldsymbol{y}$ の非ガウス性の評価尺度として，微分エントロピーを正規化したネゲントロピーとよばれる尺度 $J$ が利用できる．

$$J(\boldsymbol{y}) = H(\boldsymbol{y}_{\mathrm{gauss}}) - H(\boldsymbol{y}) \tag{5.12}$$

$$H(\boldsymbol{y}) = -\int p_y(\boldsymbol{\eta}) \log p_y(\boldsymbol{\eta}) d\boldsymbol{\eta} \tag{5.13}$$

ここで，$H(\boldsymbol{y})$ は，確率密度 $p_y(\boldsymbol{\eta})$ をもつ確率変数 $\boldsymbol{y}$ の微分エントロピーであり，$\boldsymbol{y}_{\mathrm{gauss}}$ は $\boldsymbol{y}$ と同じ分散をもつガウス分布を仮定する．なお，実際の計算では，高次のキュムラント（⇒ p.95 **Note** 5.2）とよばれる指標により，確率密度関数を近似して適用するのが一般的である．

### (3) 最尤推定による評価

最尤推定（ML；maximum likelihood estimation）法は，与えられた確率変数が従う確率分布を推測する際にしばしば用いられる方法であり，尤度関数を最大化することで確率変数の出現確率がもっとも高くなる条件を求めるものと解釈できる．ここで，尤度関数は，ある前提条件に基づいて確率的な結果が出現する際，観察結果から前提条件（あるいは，母集団の条件）を推測する際の尤もらしさを測るための尺度に相当する．

さて，確率変数 $x_i$ $(i = 1, 2, \cdots, n)$ の確率密度関数を $p_x(x_i)$ とおき，これらが独立であると仮定すると，確率変数 $x_i$ が同時に出現する確率は，式 (5.6), (5.7) より，

$$p_x(x_1, x_2, \cdots, x_n) = \prod_{i=1}^{n} p(x_i, \boldsymbol{W}) \equiv L(\boldsymbol{W}) \tag{5.14}$$

と表現できる．ここで，$L(\boldsymbol{W})$ は，確率変数 $x_1, x_2, \cdots, x_n$ を生成した確率モデル

として，どの行列 $\boldsymbol{W}$ がもっとも確からしいかを測る尤度関数に対応する．すなわち，$L(\boldsymbol{W})$ を最大化する条件は，確率変数 $x$ の出現確率をもっとも高くする行列 $\boldsymbol{W}$ を求めることと等価となる．ただし，実際の尤度関数の計算においては，処理を簡易化する手段として対数をとり，

$$\log L(W) = \log \prod_{i=1}^{n} p_x(x_i, \boldsymbol{W}) = \sum_{i=1}^{n} \log p_x(x_i, \boldsymbol{W}) \tag{5.15}$$

として扱うのが一般的である（⇒ p.96 **Note** 5.3）．

### (4) 相互情報量による評価

情報理論における相互情報量（mutual information）は，確率変数間の従属性を示す尺度として知られている（⇒ p.147 付録 A.3.2）．この尺度は，確率変数間が独立な場合には 0 となり，独立ではない場合には正値をとる．したがって，確率変数間の相互情報量を最小化する条件が独立性の評価基準となる．

確率変数 $y_i$ $(i = 1, 2, \cdots, n)$ 間の相互情報量 $I(y_1, y_2, \cdots, y_n)$ は，次式で定義される．

$$I(y_1, y_2, \cdots, y_n) = I(\boldsymbol{y}) = \sum_{i=1}^{n} H(y_i) - H(\boldsymbol{y}) \tag{5.16}$$

ここで，$H(y_i)$ $(i = 1, 2, \cdots, n)$ は確率変数 $y_i$ $(i = 1, 2, \cdots, n)$ の個別のエントロピー，$H(\boldsymbol{y})$ は，確率変数を同時に扱った結合分布に相当するエントロピーに対応する．仮に，確率変数の各要素が独立である場合，相互の情報を保有していないため，相互情報量はもっとも小さい値となる．独立成分分析では，観測信号に関する情報より，相互情報量を最小化するように行列 $\boldsymbol{W}$ を決定する（⇒ p.96 **Note** 5.4）．

なお，ここで式 (5.16) は，二つの確率分布間の距離に相当する Kullback-Leibler ダイバージェンスとよばれる尺度に対応している．

#### **Note** 5.2 キュムラントについて

式 (1.8) で定義したように，ある確率変数 $g(x)$ の平均値は，その確率密度分布を $p(x)$ として次式で定義される．

$$E[g(x)] = \int_{-\infty}^{\infty} g(x)p(x)dx \tag{n.5.3}$$

ここで，確率変数が $g(x) = e^{jux}$ で与えられる場合，$E[g(x)]$ $(\equiv \psi(u))$ は特性関数とよばれる．

詳細な説明は省略するが，特性関数をテーラー展開すると，

$$\psi(u) = \int_{-\infty}^{\infty} \left\{ 1 + jux + \frac{1}{2!}(jux)^2 + \cdots + \frac{1}{k!}(jux)^k + \cdots \right\} p(x) dx$$

$$= 1 + juE[x] + \frac{1}{2!}(ju)^2 E[x^2] + \cdots + \frac{1}{k!}(ju)^k E[x^k] + \cdots \quad \text{(n.5.4)}$$

と近似され，各係数項が，$x$ の $k$ 次モーメントに対応する．

この特性関数の対数をとり，上式と同様にテーラー展開して得られる各係数が $k$ 次のキュムラントとして定義される．確率的なモーメントとキュムラントは，統計的に同じ情報をもっているということができ，後者を用いることで，高次の統計量により追加される情報の差をより明確に抽出することができる特徴をもつ．たとえば，ある確率変数がガウス分布に従う場合，3次以上の高次キュムラントは0となるなど，確率分布の評価指標となる．

### Note 5.3　尤度関数について

いま，独立変数 $s$ の確率密度関数を $r(s)$ とおくと，$s$ と $s+ds$ の間に信号が発生する確率は $r(s)ds$ で与えられる．この確率が $x$ と $x+dx$ の間の信号が発生する確率 $p_x(x)dx$ と等しいと仮定すると，

$$p_x(x)dx = r(s)ds \quad \text{(n.5.5)}$$

が成立する．このとき，式 (5.6), (5.7) より，$dx = |A|ds \fallingdotseq |W^{-1}|ds$ を代入すると，

$$p_x(x, W) = r(Wx)|W| \quad \text{(n.5.6)}$$

が得られる．したがって，式 (5.14) は，

$$L(W) = |W| \prod_{i=1}^{n} r(Wx_i) \quad \text{(n.5.7)}$$

と等価となる．

### Note 5.4　確率変数 $x$ とエントロピー $H(y)$ との関係

式 (5.7) の関係に着目すると，確率変数ベクトル $x$ の確率密度関数 $p_x(x)$ と確率変数ベクトル $y$ の確率密度関数 $p_y(y)$ の関係は，式 (n.5.6) より，

$$p_y(y) = \frac{p_x(W^{-1}y)}{|W|} \quad \text{(n.5.8)}$$

で与えられる．ここで，確率変数ベクトル $y$ のエントロピー $H(y)$ に着目すると，

$$H(y) = -\int p_y(y) \log p_y(y) dy$$

$$
\begin{aligned}
&= -\int \frac{p_x(\boldsymbol{W}^{-1}\boldsymbol{y})}{|\boldsymbol{W}|}\{\log p_x(\boldsymbol{y}) - \log|\boldsymbol{W}|\}d\boldsymbol{y} \\
&= -\int p_x(\boldsymbol{x})\{\log p_x(\boldsymbol{x}) - \log|\boldsymbol{W}|\}d\boldsymbol{x} \\
&= H(\boldsymbol{x}) + \log|\boldsymbol{W}|
\end{aligned}
\tag{n.5.9}
$$

となり，上式は，確率変数ベクトル $\boldsymbol{x}$ のエントロピー $H(\boldsymbol{x})$ に関連づけられることがわかる．

### 5.2.3 未知行列 $W$ の導出手順

前項で述べたように，元信号が互いに統計的に独立であると仮定した条件で，式(5.7)における行列 $\boldsymbol{W}$ を導出することができれば，観測信号 $\boldsymbol{x}$ より未知の元信号 $\boldsymbol{s}$ を推定できる．ここでは，独立成分分析の基本的な処理手順を改めて述べる．

#### (1) 観測信号の設定と前処理

独立成分分析を用いて，複数の信号源からの元信号 $\boldsymbol{s}$ を推定する際には，複数地点で同時に観測信号 $\boldsymbol{x}$ を得ることが前提となる．その際，元信号 $\boldsymbol{s}$ は，統計的に互いに独立で，相互の情報が影響を与えないと仮定する．ただし，仮に完全にランダムな雑音であるような場合には信号分離できないので注意する必要がある．また，観測信号 $\boldsymbol{x}$ と相関性が高い雑音が重畳したようなケースでは，推定精度は低下する．

なお，解析する際には，処理の効率化の観点より，観測信号 $\boldsymbol{x}$ に白色化とよばれる前処理がしばしば施される．ここで，白色化とは，観測信号 $\boldsymbol{x}$ を線形変換し，互いにその成分に相関がない白色信号を生成することを意味する（⇒ p.99 **Note** 5.5）．

また，実際の混合行列 $\boldsymbol{A}$ の推定処理において，理論とアルゴリズムを簡易化する観点より，元の信号と観測信号は平均 0 と仮定する．そのため，得られた元の観測信号 $\boldsymbol{x}$ に対しては，以下のように平均値において中心化する処理を施すのが一般的である．

$$
\boldsymbol{x}' = \boldsymbol{x} - E[\boldsymbol{x}]
\tag{5.17}
$$

#### (2) 独立成分分析の実行

複数地点での観測信号を取得した後，異なる独立性の評価基準に基づくアルゴリズムから一つを選択して行列 $\boldsymbol{W}$ を推定する．ところで，1.4.3 項で示した観測信号の定常性の概念は，強定常，弱定常，非定常に大別される．強定常型の信号については，統計量が時間的に変動しないため（時不変とよばれる），確率的な基準に基づく独立性の判定基準が適用できる．一方，弱定常型の信号については，統計的な信号特性が時間的に変動するため，高次の統計量を用いる手法の推定精度は低下する傾向にある．ま

た，非定常信号については，統計的な信号特性が時間的に大きく変動し，推定精度はさらに低下する可能性があるため，トレンド成分を事前に除去するなどして，定常信号へ近づける前処理を施すことが望ましい．

さて，独立成分分析において行列 $\boldsymbol{W}$ を導出するアルゴリズムは，選択した独立性の判定基準により異なってくるが，一般化すると，ある目的関数の最適解を探索する最適化問題という位置づけにある．

このとき，独立成分分析における最適化アルゴリズムは，新たに入力される最新の観測信号データのみを用いて推定値を更新するオンライン学習型と，すべての観測信号データを準備したうえで目的関数を解いていくバッチ学習型（オフライン学習型）に大別することができる．

基本的な考え方としては，独立判定基準により，$\Delta \boldsymbol{W}$ の変位に基づいて，

$$\boldsymbol{W}(t+1) \leftarrow \boldsymbol{W}(t) + \Delta \boldsymbol{W} \tag{5.18}$$

と更新する処理を反復することで最適な行列 $\boldsymbol{W}$ を求める（$t$ は更新回数とする）．

ここで，最適化処理を行う際の目的関数を $f(\boldsymbol{w}, \boldsymbol{x})$，学習係数を $\alpha$ とおくと，オンライン学習の処理手順として，次式で示す漸化式を例として挙げることができる．

$$\boldsymbol{w}(t+1) = \boldsymbol{w}(t) - \alpha(t) \left. \frac{\partial f(\boldsymbol{w}, \boldsymbol{x})}{\partial \boldsymbol{w}} \right|_{\boldsymbol{w} = \boldsymbol{w}(t)} \tag{5.19}$$

一方，バッチ学習の処理では，$E$ を期待値として，次式で示す漸化式を例として挙げることができる．

$$\boldsymbol{w}(t+1) = \boldsymbol{w}(t) - \alpha(t) \left. \frac{\partial E[f(\boldsymbol{w}, \boldsymbol{x})]}{\partial \boldsymbol{w}} \right|_{\boldsymbol{w} = \boldsymbol{w}(t)} \tag{5.20}$$

上式が示すように，バッチ学習では，各反復段階において観測信号 $\boldsymbol{x}$ に関する標本平均を導出し，行列 $\boldsymbol{W}$ の更新処理に適用する．

なお，これらの最適化処理を適用する際には，前述したように，観測信号 $\boldsymbol{x}$ に対して白色化や中心化などの前処理を施す．観測信号に雑音成分が多く含まれているようなケースでは，フィルタ操作を事前に適用することも，推定精度の改善策として挙げられる．

以上に示した処理手順に基づいて，行列 $\boldsymbol{W}$ を導出することができれば，式 (5.7) に基づいて元信号 $\boldsymbol{s}$ の推定値が得られる．なお，行列 $\boldsymbol{W}$ の導出においては，元信号 $\boldsymbol{s}$ と混合行列 $\boldsymbol{A}$ の双方は未知のため，推定される $\boldsymbol{s}$ の分散（パワー）や順序は決定することはできない点に留意する必要がある．

> **Note** 5.5　観測信号の白色化について

独立成分分析では，観測される混合信号を白色化することで問題が簡略化される．ここで，白色化とは，ある信号の相関行列が無相関で分散 1 となることを意味する．具体的な白色化のプロセスを挙げると，元の観測信号 $x$ について，

$$z = Vx \qquad (\text{n.5.10})$$

により，$z$ の相関行列 $E[zz^T]$（あるいは，共分散行列/分散共分散行列）が単位行列となるような白色化行列 $V$ を導出する．白色化行列 $V$ は，直交行列（$VV^T$ あるいは，$V^TV$ が単位行列）となり，推定対象とする混合行列 $A$ も直交行列に限定されることを意味する．

したがって，混合行列 $A$ の探索が直交行列に限定され，計算効率を改善することができる．なお，この白色化と同じ意味として，球面化（あるいは，球状化）という表現が用いられることもある．

### 5.2.4　独立成分分析の適用事例

図 5.4〜5.6 に，異なる四つの信号波形が混合した場合に独立成分分析を適用した事例を示す．図は，非ガウス性の評価に基づく独立性の基準を適用した結果に対応し，

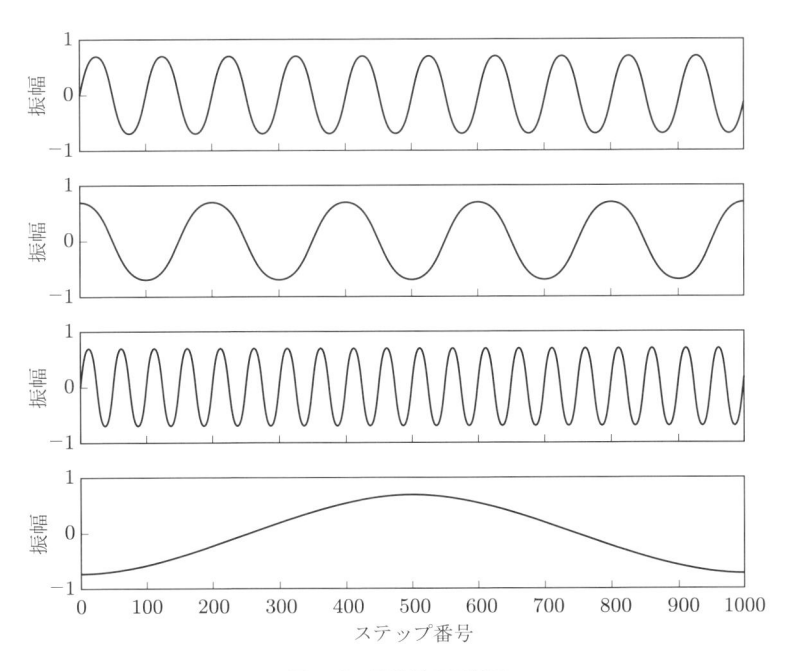

図 5.4　重畳前の元信号

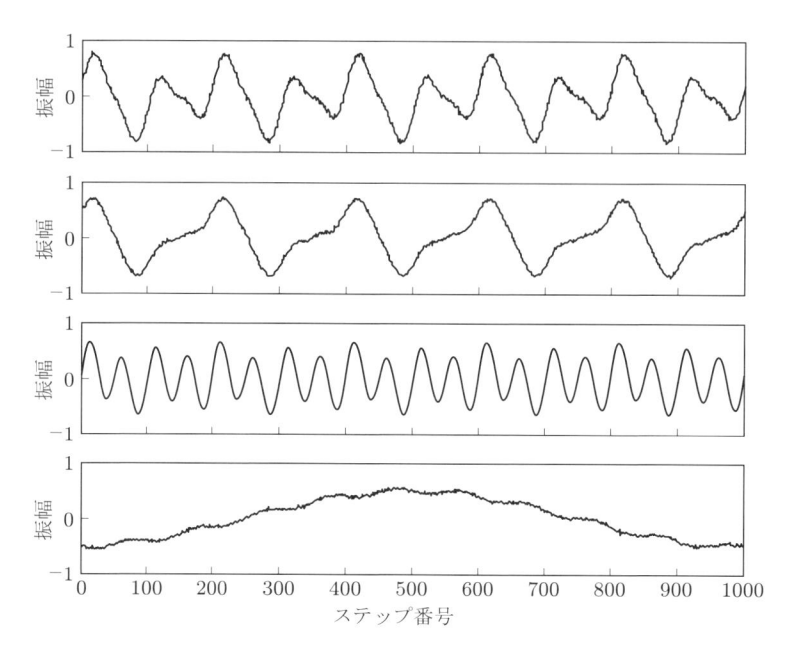

100　第5章　信号分離の解析手法（2）：重畳信号の分離

図 5.5　観測信号

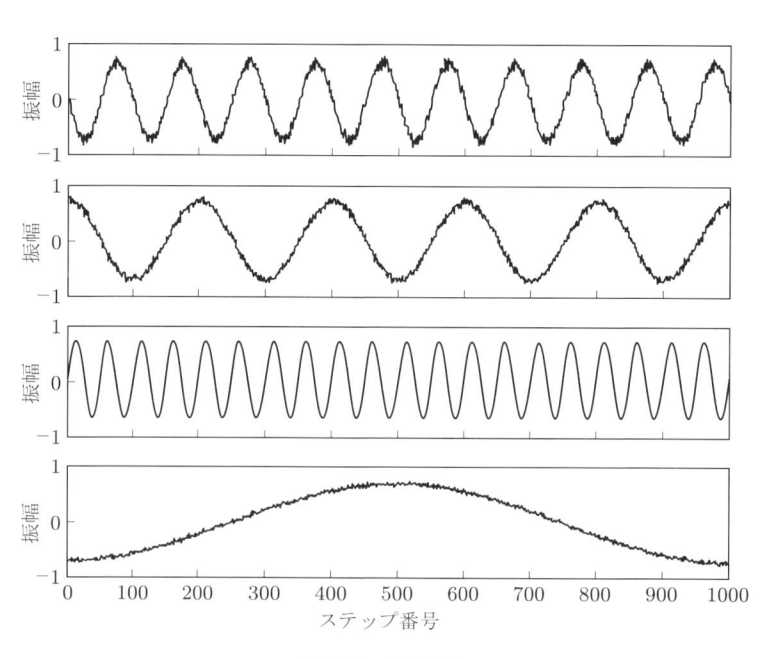

図 5.6　分離信号

元の各信号を重畳する際に，白色雑音が加わった系を想定している．この例では，複数信号が重畳した観測信号より，元の信号と相関性が高い信号が再構成されており，独立成分分析手法の有効性が確認できる．なお，前述したように，独立成分分析により得られる信号の順序性は確保されるわけではなく，この例では，相互相関係数を用いて，観測信号と類似した順序で再配列する処理を行っている．

### 演習問題

5.1 独立成分分析に適用可能な具体事例を挙げよ．
5.2 独立成分分析を適用する際の制約条件や課題を整理せよ．

# 第6章　信号の非線形解析

　われわれの日常環境でみられる現象には，不規則で複雑な変動特性をもつものが数多く存在する．こうした現象の多くは非線形的な変動特性を示し，従来の線形理論に基づく周波数解析やモデル化手法だけでは，その性質を明らかにするうえで十分にカバーできないことが近年指摘されている．

　従来の統計モデルを例に挙げると，不規則な変動特性を引き起こす要因を雑音と関連づけるのに対して，異なる視点より，不規則で複雑な変動を引き起こすメカニズムそのものに着目し，その変動特性を定量化するアプローチも重要な意味をもつ．

　こうした状況の下，近年，複雑系（complex system）とよばれる研究領域において，新しい発想に基づく信号解析手法が提案されている．ここで，複雑系とは，相互に関連する個々の要因が相互に影響し，全体として特有の振る舞いを見せる系（システム）を意味し，カオス（chaos）やフラクタル（fractal）とよばれる概念が重要な役割を担っている．

　まず，カオスとは，一見して不規則に見えながらも，完全にランダムな変動ではなく，一定の非線形的な変動パターンを示す現象を指す．また，フラクタルとは，対象物の部分を取り出した際に，全体と類似する自己相似的な構造をもつ現象を意味する．カオスやフラクタルにかかわる非線形解析手法は，非線形信号の背後に隠れた特性を明らかにするうえで有効であり，自然現象，生体現象，人工システムから得られる観測信号に対して，多くの適用事例が報告されている．

　本章では，カオスやフラクタルに関する基本的な概念と，それに関連する非線形解析手法について解説する．また，本章の最後では，非線形へ拡張したパラメトリックな信号モデル化手法の概要についても紹介したい．

## 6.1　カオスとは

　われわれの周囲には，一定の規則性をもつ信号だけではなく，一見すると不規則に変動するように見える信号が数多く存在する．カオスとは，不規則に変動しながら，非線形的なある種の秩序をもつ現象に対応する．ところで，カオスは，自然界だけではなく，非線形的な微分方程式により記述される系でも発生する．微分方程式では，一

見すると偶然性が入り込む余地はないように見えるが，カオスを生み出す系では，与える初期値により結果が大きく変動し（＝初期値の依存性），長期的な予測が困難であるなどの特徴をもつ．

さて，カオスを扱う際には，時間の経過とともに状態が変化する系を記述する力学系の表現がしばしば用いられる．力学系では，微分方程式で表現される連続力学系や，離散方程式で表現される離散力学系があり，状態変数 $\boldsymbol{X}$ の変化は，写像関数 $F$ を用いて次式のように記述される．

連続力学系： $\dfrac{d\boldsymbol{X}}{dt} = F(\boldsymbol{X})$ (6.1)

離散力学系： $\boldsymbol{X}_{n+1} = F(\boldsymbol{X}_n) \quad (n = 1, 2, \cdots)$ (6.2)

ここで，上式において，$\boldsymbol{X}$ の成分座標に対応する空間は位相空間とよばれる．

### 6.1.1 カオスの事例

前述したように，カオスは非線形的な微分方程式によって記述される系においても発生する．ここでは，微分方程式により記述されるカオスの具体例を紹介したい．

#### (1) ロジスティックモデル

生態系などの個体数 $x$ の変化などを表現する際に利用されるモデルとして，ロジスティックモデルが知られている．自然界において，動物の外敵が存在せず，十分な食物が確保されている場合には，個体数は単純に増加していき，その変化は，現時点の個体数に比例することから，

$$\frac{dx}{dt} = ax \tag{6.3}$$

と表現することができる．しかし，動物の個体数が増加していくと食物の不足が生じるため，個体数に応じた抑制効果が発生する．抑制効果を個体数の二乗に比例すると仮定したものが，次式で表されるロジスティック方程式である．

$$\frac{dx}{dt} = ax - bx^2 \tag{6.4}$$

この方程式の解は，

$$x = \frac{ax_0 \exp(at)}{a - bx_0\{a - \exp(at)\}} \tag{6.5}$$

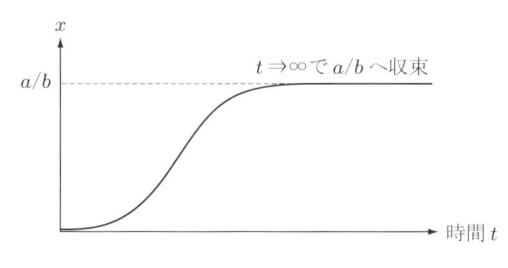

図 6.1 ロジスティック曲線の例

で与えられ，$t \to \infty$ で $a/b$ に収束する．図 6.1 に個体数 $x$ の変化を示すロジスティック曲線の例を示す．時間の経過とともに $a/b$ へ収束することがわかる．

次に，ロジスティック方程式を離散化して差分方程式を作ると，

$$x_{n+1} = ax_n(1 - x_n) \quad (0 < x_0 \leqq 1.0, \quad 0 < a \leqq 4) \tag{6.6}$$

が得られる．

ここで，初期値 $x_0 = 0.1$ の条件の下で，$a = 2.5, 3.0, 3.8$ について，式 (6.6) により得られる挙動をプロットした結果が図 6.2 である．$a = 2.5, 3.0$ の場合には，時間の経過とともに一定値へ収束したり，振動を繰り返すような，一定の規則性を示す挙動となっている．一方，$a = 3.8$ の場合には，非周期的で不規則な挙動となり，カオスの特性を示す結果となっている．

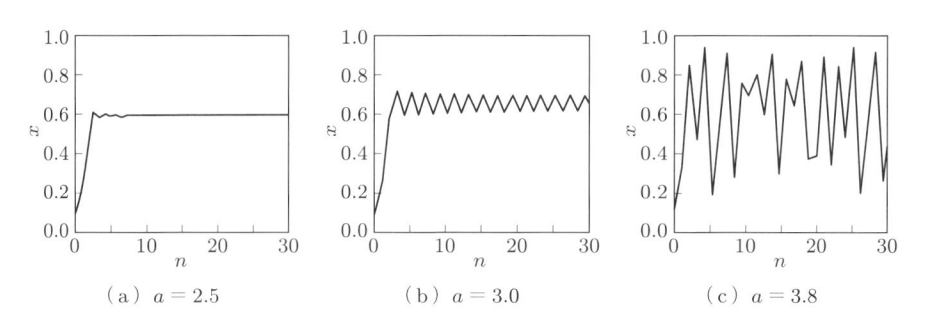

(a) $a = 2.5$　　(b) $a = 3.0$　　(c) $a = 3.8$

図 6.2　離散ロジスティック方程式の応答例

## (2) ローレンツモデル (Lorentz model)

ローレンツモデルは，偏微分方程式により記述される気象モデルである．このモデルは，3 個の変数 $x, y, z$ を用いて，次式で表現される．

$$\left.\begin{aligned}\frac{dx}{dt} &= -\sigma(x-y) \\ \frac{dy}{dt} &= -y - xz + rx \\ \frac{dz}{dt} &= xy - bz\end{aligned}\right\} \tag{6.7}$$

ここで，$x$ は対流の強さに比例する変数，$y$ は対流で上下する二つの流れの温度差に比例する変数，$z$ は上下方向の二つの流れの温度分布の差にかかわる変数である．また，$\sigma$ は流体の拡散係数と熱伝導係数との比を示す係数，$r$ と $b$ は容器の形や流体の性質に関連する係数に対応する．

式 (6.7) を，ある初期条件の下で数値解析的に解き，$xyz$ 座標空間に描画した例を図 6.3 に示す．描画される軌跡は，ローレンツアトラクタとよばれ，一見すると単純な曲線を描いているようにも見えるが，同じ点を通過せずに非周期的な構造をもつカオスとなっている．ローレンツモデルでは，異なる初期値より得られる軌道はすべて異なっている．このモデルは，確定した（決定論的な）方程式から複雑な応答が得られることで注目を集めた．

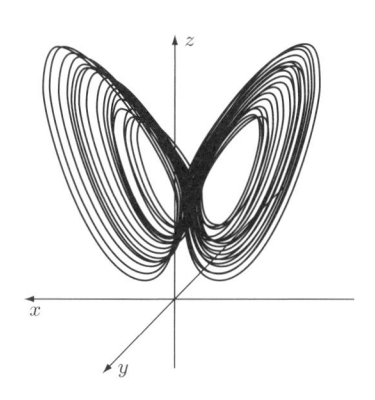

図 6.3 ローレンツアトラクタ

### 6.1.2 反復写像と分岐図

いま，式 (6.6) で記述されるロジスティックモデルを例として，横軸 $x(n)$，縦軸 $x(n+1)$ 平面を考える．このとき，$y_1 = x$，$y_2 = ax - ax^2$ を表すグラフを用いると，図 6.4 が示すように，ある初期値 $x_0$（ここでは 0.2）より出発して，$x(n+1)$ の値は $x(n)$ より順次求めることができる．この手法は反復写像とよばれ，時間の経過とともに，$x_n$ がどのように変化していくかを把握するのに有効である．

反復写像において，軌道が時間の経過とともに収束するケースでは，写像平面上の

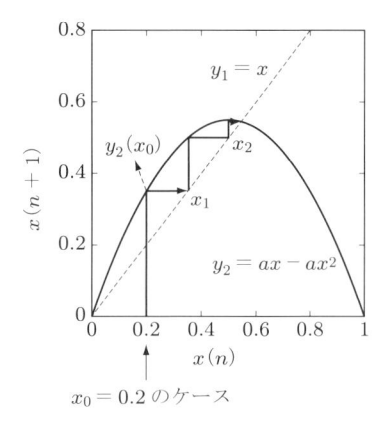

図 6.4　ロジスティックモデルの反復写像の導出

ある位置に収束する．また，周期性をもつケースでは，写像平面の特定の範囲で周期的に変動する．一方，カオス特性を示すようなケースでは，無限周期となり，写像平面上の軌道は複雑な形状となる．ロジスティック写像では，$3.5699\cdots < a \leqq 4$ の領域では無限周期が発生する．

ここで，**図 6.5** は，式 (6.6) で表現されるロジスティックモデルの反復写像の例である．時間の経過とともに，反復写像平面上での安定性が $a$ の条件に応じて反映されていることがわかる．また，**図 6.6** は，$a$ の値を変化させたときに $x_n$ の収束値の分布を示す分岐図である．この例は，$a$ が 3〜4 の範囲では，系の振る舞いは大きく変化し，$x_n$ が二つ以上の値をとることを示す．なお，$3.5699\cdots < a \leqq 4$ の範囲においても，$x_n$ が周期性を示す領域が含まれており，このとき，ある部分の拡大図が拡大前の全体図に類似した特性を示す自己相似性をもつ構造となっている．

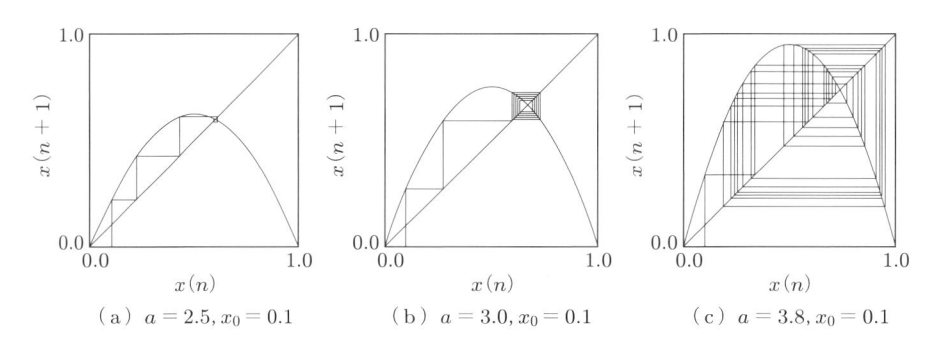

図 6.5　ロジスティックモデルの反復写像例

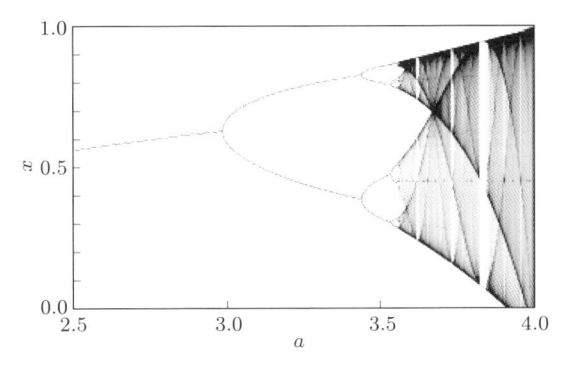

図 6.6　ロジスティック写像の分岐図

## 6.2 力学系における信号の非線形解析法

前述したように，多変数からなる力学系（多次元の力学系）で記述される関数は，設定した空間内（位相空間）において，特有の変動を見せる．このとき，ある初期条件を与えた後の時間発展の集合である軌道は，アトラクタ（attractor）とよばれる．

力学系のアトラクタは，観測対象により，以下のようなパターンに分類される．
① 平衡点（不動点）：十分に時間が経過した後，特定の点に収束するケース
② リミットサイクル：周期的な軌道上を周回するケース
③ トーラス：複数の周期的な軌道が存在する準周期的な変動を示すケース
④ ストレンジアトラクタ：安定した平衡点や周期軌道が見られない複雑な軌道を描くケースで，カオスに対応する．まったくランダムな信号であれば，空間を埋め尽くすことになる．

これまで，力学系のアトラクタにかかわる非線形的な信号解析手法が提案されている．以下では，カオスにかかわる複雑な非線形信号を扱ううえで有効な解析手法を紹介したい．

### 6.2.1 時間遅れ座標系への変換

現実問題として，われわれは必ずしも多変数の信号を同時に観測するわけではない．しかし，1変数のみの信号では，多次元空間上のアトラクタを扱うことができない．こうした背景より，1変数の信号より多次元空間のアトラクタを再構成する時間遅れ座標系への変換法が提案されている（ターケンスの埋め込みとよばれる）．いま，信号 $y(t)$ を解析対象とすると，時間遅れの大きさを $d$ として，$m$ 次元ベクトル $\boldsymbol{v}(t)$ を次式で定義する．

$$\boldsymbol{v}(t) = (y(t), y(t+d), \cdots, y(t+(m-1)d)) \tag{6.8}$$

ここで，図 6.7 は，$m=3$ のケースについて，定義されたベクトルが再構成されるイメージを示している．時間遅れ座標系において描く軌道は，前章までに示したような一般的な信号解析では把握することが難しい現象の解明に有効である．

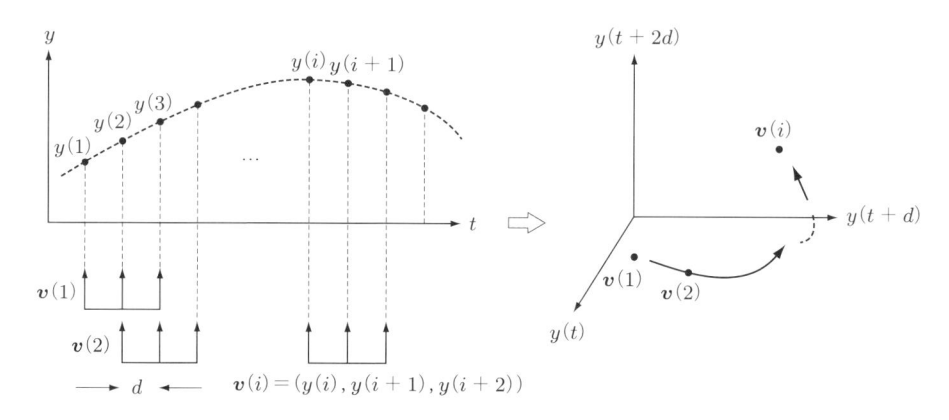

図 6.7 時間遅れ座標系への変数の信号（1 次元信号）の埋め込み

図 6.8 は，静電気放電時に発生した電流波形（放電電圧 = 2 kV，15 kV，データサンプル数 = 1000）と 2 次元平面上のアトラクタ（$m=2$, $d=30$）の導出例を示す．この例では，時間領域において激しい振動成分が観測される信号波形（放電電圧 2 kV）と緩やかな変動が主体である信号波形（放電電圧 15 kV）に対するアトラクタの対比例を示している．導出されたアトラクタは，元波形が激しく変動する場合，ランダムな軌道成分を描くなど，放電現象におけるユニークな特徴を反映している．

### 6.2.2 リカレンスプロット

アトラクタ上にある各点の関係性を視覚化する手法として，リカレンスプロットが提案されている．リカレンスプロットは，1 辺の長さがアトラクタ上の点の総数 $N$ となるような 2 次元平面（$N \times N$）を想定し，各点間の関係性を視覚的に表現する．

ここで，時間遅れ座標系で定義した $m$ 次元ベクトル $\boldsymbol{v}$ を用いて，アトラクタ上の 2 点間の距離 $D$ を以下のように定義する．

$$D(i,j) = |\boldsymbol{v}(i) - \boldsymbol{v}(j)| \quad (i,\, j = 1, 2, \cdots, N) \tag{6.9}$$

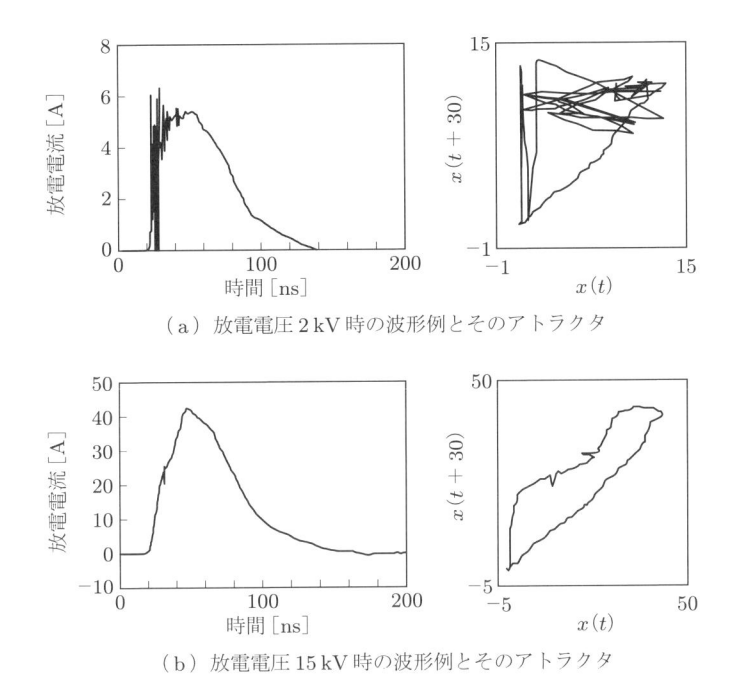

(a) 放電電圧 2 kV 時の波形例とそのアトラクタ

(b) 放電電圧 15 kV 時の波形例とそのアトラクタ

**図 6.8 静電気放電電流波形とアトラクタの導出例**

このようにして得られた距離 $D$ に基づいて，$N \times N$ の2次元平面に描画される画像がリカレンスプロットである．この際，$D(i,j)$ について適当なしきい値条件を満たす場合に第 $(i,j)$ の画素を描画する方法と，$D(i,j)$ の大きさに応じて第 $(i,j)$ の画素を描画する方法の二つに大別される．リカレンスプロットにより，位相空間における対象信号の安定性を視覚的に確認することができ，非定常的な信号変動の検出に有効である．

図 6.9 は，ある通信トラヒックの時間変化（40000 ポイント）と，その時間変動より得られるリカレンスプロット（$m=3$, $d=10$）の例を示す．このリカレンスプロットでは，アトラクタ上の2点間の距離 $D$ が離れるほど濃くなるように描画されており，時間 200～300 s 付近における急激な変動領域がリカレンスプロットに反映されている．これより，観測信号の変動特性を視覚的に確認する手法として，リカレンスプロットが有効な手段となることがわかる．

### 6.2.3 リアプノフ指数

カオスの特徴の一つとして，与えた初期値が異なるときに，時間経過後の挙動が変化する点を挙げることができる．これは，初期値に対する依存性とよばれており，ア

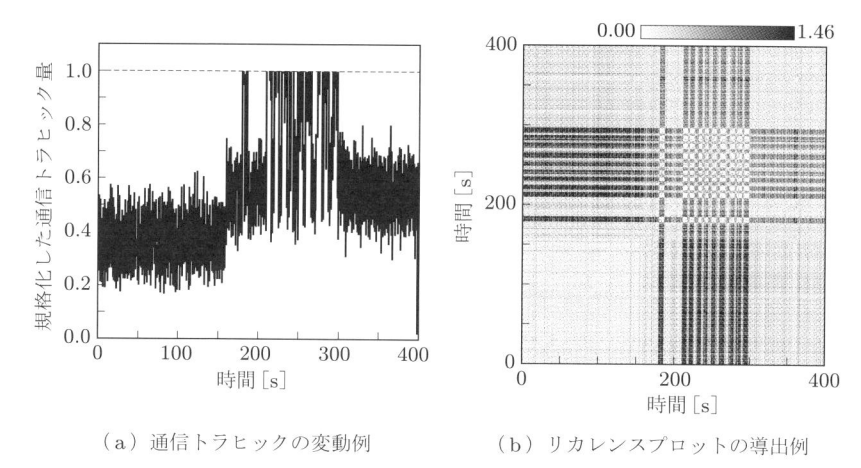

(a) 通信トラヒックの変動例　　(b) リカレンスプロットの導出例

**図 6.9** 通信トラヒックとそのリカレンスプロットの描画例

トラクタが描く軌道も初期値ごとに異なるパターンを示す．アトラクタが描く軌道の不安定性を定量化する際，リアプノフ指数が有効な指標となる．

リアプノフ指数とは，十分に接近した2点から出発した二つの軌道が離れていく度合いを示す量である．ここで，時刻 $t$ の軌道間の距離を $d(t) = d(0) \exp(\lambda t)$ とすると，リアプノフ指数は $\lambda$ に対応する（$d(0)$：時刻 $t=0$ での距離）．

さて，一般的な1次元離散写像 $x_{n+1} = f(x_n)$ を想定すると，$x_n$ は，初期値 $x_0$ より，$n$ 回写像を繰り返すことで得られる．すなわち，

$$x_n = f^n(x_0) \tag{6.10}$$

となり，初期値 $x_0$ を微小量 $\varepsilon$ だけ変化させると，$x_n$ は，

$$\Delta d(n) = |f^n(x_0 + \varepsilon) - f^n(x_0)| \tag{6.11}$$

だけ変化する．また，距離は，$\Delta d(n) = \varepsilon \exp(\lambda n)$ の形式で定義され，

$$\exp(\lambda n) = \frac{|f^n(x_0 + \varepsilon) - f^n(x_0)|}{\varepsilon} \tag{6.12}$$

より，

$$\lambda = \frac{1}{n} \ln \left( \frac{|f^n(x_0 + \varepsilon) - f^n(x_0)|}{\varepsilon} \right) \tag{6.13}$$

が導出される．さらに，$\varepsilon \to 0$ を仮定すると，

$$\lambda = \frac{1}{n} \ln \left( \left| \frac{df^n(x_0)}{dx_0} \right| \right) = \frac{1}{n} \ln \left( |f'(x_0) \cdots f'(x_{n-1})| \right) \tag{6.13}'$$

となり，写像回数を増やすと，

$$\lambda = \lim_{n \to \infty} \frac{1}{n} \sum_{i=0}^{n-1} \ln(|f'(x_i)|) \tag{6.14}$$

が得られる．

なお，力学系の方程式や写像関係の定義が与えられていない場合，リアプノフ指数の導出に際して，上式を単純に適用することができない．このため，実際に観測される信号を用いてリアプノフ指数を近似する必要があり，その導出アルゴリズムとしては，佐野・沢田法や，Wolf 法などが提案されている．

一般的に，リアプノフ指数（最大値）が正の条件では，その系はカオスと判定され，周期的あるいは準周期的な場合には，リアプノフ指数は 0 または負となる．ただし，ほぼランダムな信号でもリアプノフ指数が正になるような事例も発生し，カオス性の判定が明確ではない場合もある．

ここで，$m$ 次元の位相空間からは，$m$ 個のリアプノフ指数が得られるが，その組はリアプノフスペクトルとよばれる．さらに，正のリアプノフ指数の和は KS エントロピー（Kolmogorov-Sinai entropy）とよばれ，対象とする系の不安定性の評価尺度となることが知られている．

図 6.10 は，ある条件で仮定した人工的な神経細胞モデルに対して，高レベルの電界（周波数 100 Hz）を印加した状況を想定した際の細胞膜電位応答の解析例と，その応答波形に対するリアプノフ指数の導出例を示す（佐野・沢田法を適用）．

図 (b) は，次元 $m = 3$，時間遅れ $d = 1$ での解析例を示しており，三つのリアプノフ指数 $\lambda_1, \lambda_2, \lambda_3$ が得られている．また，リアプノフ指数の導出結果（図 (b)）の横軸は，アトラクタ軌道上の変化量を算出する際の計算回数に対応している．このとき，

（a）神経細胞モデルの膜電位変動　　（b）リアプノフ指数

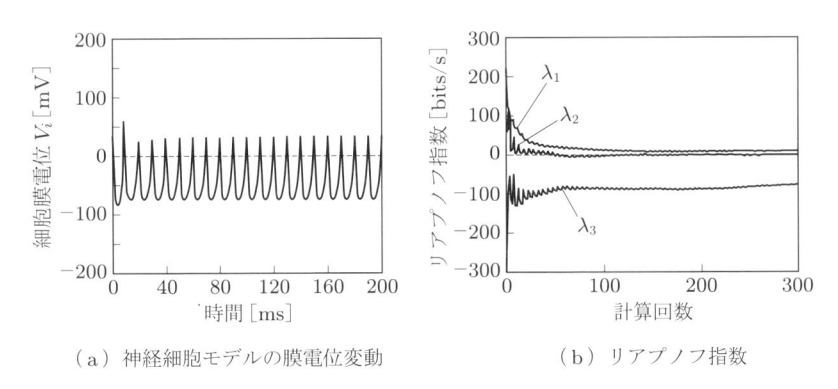

図 6.10　神経細胞モデルの膜電位変動とそのリアプノフ指数の導出例

この計算過程において，$\lambda_1$ と $\lambda_2$ の最大値が正をとり，人工的に仮定した神経細胞モデルの膜電位応答は，カオス的な特性を示していることを意味する．

## 6.3 非線形現象に見られる自己相似性（フラクタル）

自然界や人工物には，様々な変動パターンが観測される．その中には，たとえば，雪の結晶，入道雲，雷放電電流などのように，似たような構造がスケールを変えて中に埋め込まれている現象が存在する．似通った変動パターンがスケールを変えて全体の中に埋め込まれているような場合，ある一部分を取り出すと，やはり元と類似した変動パターンが出現する．このように，分割した部分が相似の変換で特徴づけられる性質を自己相似性という．

### 6.3.1 フラクタルとは

フラクタルという概念は，自己相似的な変動パターンを表現する手段として，B. B. Mandelbrot により 1970 年代に提唱されたものである．フラクタル過程の例として，コッホ曲線とよばれる図形を図 6.11 に示す．図では，最初に 1 本の線分が用意されており，その線分を 3 等分して中央の線分を底辺とする正三角形でほかの 2 辺を置換することにより，最初の図形曲線 (b) が作成される．次に，四つの各線分に対して同様の操作を繰り返すと，図形曲線 (c) が作成される．こうした操作を繰り返していくと，元の線分長の 1/3 からなる図形が果てしなく作成されることになるが，その一部を拡大すれば，元と同じ相似パターンが観測される．

フラクタルの特性は，粗密の度合いなどの点から差異が生じるため，フラクタル次元という概念により定量化される（⇒ p.113 Note 6.1）．いま，対象物として，線，

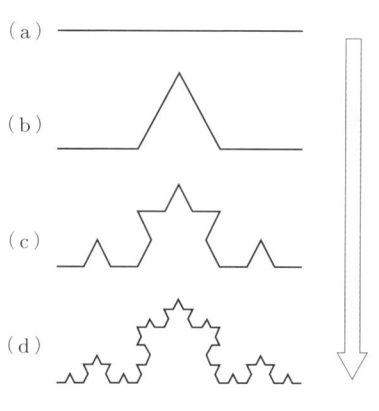

図 6.11 コッホ曲線の例

平面，立体を対象とすると，おのおの1次元，2次元，3次元と分類される．次に，各次元内に存在する図形をある単位で覆うことを想定する．たとえば，線分をその1/2で縮小したもので測った場合には $2\ (=2^1)$ 個，また，正方形や立法体をおのおのの1/2に縮小したもので測れば，それぞれ $4\ (=2^2)$ 個と $8\ (=2^3)$ 個でカバーされる．すなわち，各次元の対象パターンをそれぞれの縮小比1/2の逆数2のべき乗を用いて測った際には，各次元に対応する1, 2, 3で特徴づけられることがわかる．

基準となる長さを変えて測ることをスケール変換という．ある対象パターンを $\varepsilon$ の単位で覆うために必要な最小限の個数を $N(\varepsilon)$ とする．このとき，次式が成立すると，与えられたパターンが自己相似性をもつといえる．

$$N(\varepsilon) \sim \left(\frac{1}{\varepsilon}\right)^D = \varepsilon^{-D} \tag{6.15}$$

ここで，$D$ はフラクタル次元とよばれ，"$\sim$" は比例関係を表す．フラクタル次元は複雑な自己相似パターンを定量化する手段として有効であり，結晶などの身近な物体だけに留まらず，宇宙空間の階層構造の解析などにも幅広く利用されている．

ところで，時間領域上の観測信号を対象とする際には，横軸（時間）と縦軸（振幅）のスケールのされ方は同一ではない．このように，方向によってスケールのされ方が異なる特性は自己アフィン性とよばれ（自己アフィンフラクタル），厳密には自己相似性とは区別して定義されるべきものである．しかし，現在，各種の時系列信号を解析対象とする際には，自己アフィン性を包括した意味で，自己相似性という表現が広く普及している．

### Note 6.1 フラクタル次元の定義

一般的に，$d$ 次元空間において，長さ・面積・体積が，スケール長 $= 1$ で測った場合に $V_d$ となる対象物を，スケール長 $= \varepsilon$ で測った場合に $V_d'$ になると仮定した際，

$$V_d' = \varepsilon^{-d} V_d \quad \Rightarrow \quad \frac{V_d'}{V_d} = \left(\frac{1}{\varepsilon}\right)^d \tag{n.6.1}$$

となる．これより，

$$d = \frac{\log(V_d'/V_d)}{\log(1/\varepsilon)} \tag{n.6.2}$$

の関係が成立する．フラクタル次元は，上式を一般化したものであり，ある対象パターンを $\varepsilon$ の単位で覆うために必要な最小限の個数を $N(\varepsilon)$ とすると，次式で定義される．

$$D = \frac{\log N(\varepsilon)}{\log(1/\varepsilon)} \quad \left(あるいは,\ D = \lim_{\varepsilon \to 0} \frac{\log N(\varepsilon)}{\log(1/\varepsilon)}\right) \tag{n.6.2}'$$

コッホ曲線を例にとると，スケールの長さを 1/3 に（あるいは，対象物を 3 倍に拡大）すると 4 個のミニチュアが作成されることから，そのフラクタル次元は，

$$D = \frac{\log N(\varepsilon)}{\log(1/\varepsilon)} = \frac{\log 4}{\log 3} = 1.262$$

となる．

さて，式 (6.8) を用いて，ある信号列より生成される $m$ 次元のベクトル $\boldsymbol{v}(t_i) = (y(t_i), y(t_i + d), \cdots, y(t_i + (m-1)d))$ $(i = 1, 2, \cdots, N)$ を考える．ここで，$\boldsymbol{v}(t_i)$ を中心とする半径 $\varepsilon$ の球の内部にアトラクタ上の点 $\boldsymbol{v}(t_j)$ $(j = 1, 2, \cdots, N)$ が収まる確率に相当する量は，

$$C(\varepsilon) = \frac{1}{N^2} \sum_{i=1}^{N} \sum_{j=1}^{N} \theta(\varepsilon - |\boldsymbol{v}_i - \boldsymbol{v}_j|) \quad (i \neq j) \tag{n.6.3}$$

と定義できる．ここで，$\theta(r)$ は，$r \geq 0$ の場合に 1，$r < 0$ の場合に 0 となるしきい値関数である．このとき，相関次元とよばれるフラクタル次元の一つが次式のように表される．

$$D = \lim_{\varepsilon \to 0} \frac{\log C(\varepsilon)}{\log \varepsilon} \tag{n.6.4}$$

相関次元は，力学系における二つの軌道の差が $\varepsilon$ 以内に収まる組数に比例する量であり，リアプノフ指数とともにカオスの特性解析に利用される有効な評価指標となる．

### 6.3.2 時系列信号の解析

時間領域上の観測信号（時系列信号）の自己相似性（自己アフィン性）を考えるにあたり，確率過程の観点より定式化を試みる．以下では，定常過程（あるいは弱定常過程）である時系列信号 $x(i)$ $(i = 1, 2, 3, \cdots, km)$ を考える．

まず，元の時系列信号に対して大きさ $m$ のブロックを考え，それぞれのブロック内の平均値を新たな時系列として，以下のように定義する（**図 6.12**）．

$$x(k)^{(m)} = \left(\frac{1}{m}\right) \sum_{i=(k-1)m+1}^{km} x(i) \tag{6.16}$$

上式は，$m$ で定義される時間スケールに対して一つの時系列データが定まることを意味する．いま，$x(i)$ が自己相似過程であると仮定すると，$\rho$ および $\rho^{(m)}$ を $x$ および $x^{(m)}$ の自己相関関数，また，$\beta$ を定数として，次式が成立する．

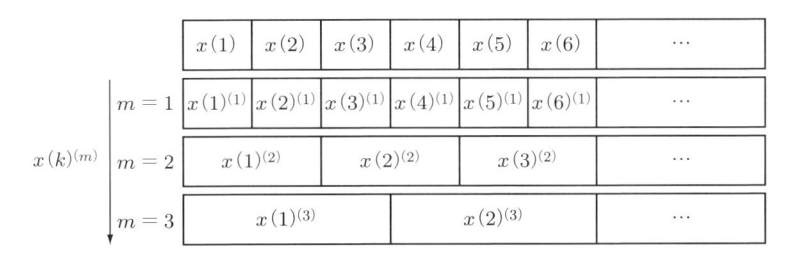

図 6.12 $x(k)^{(m)}$ の定義について

$$\mathrm{var}(x(k)^{(m)}) \to \frac{\mathrm{var}(x)}{m^\beta} \quad (m \to \infty) \tag{6.17}$$

$$\rho(k)^{(m)} \to \rho(k) \quad (m \to \infty) \tag{6.18}$$

上式は，ブロック数 $m$ あるいは時間スケールを変化させても，分散や自己相関関数に関する信号特性が一定であるという自己相似性の定義に基づいている．

さてここで，変動の広がりと時間幅 $\tau$ の関係に着目し，$\langle\ \rangle$ を観測範囲の時間平均として，次式の関係が成立する時系列信号を考える．

$$\langle |x(n+\tau) - x(n)| \rangle \sim \tau^H \tag{6.19}$$

ここで，$H$ は観測信号のばらつきが，$y = a^x$ のようなべき乗の形式で表現されることを前提として定義された指標であり，これを用いてナイル川の水位変動を統計的に調査したハースト（H.E. Hurst）にちなんでハースト指数とよばれる（$H = 1 - \beta/2$，$0 < H < 1$）．$0.5 < H < 1$ を満たす領域において，1 に近づくほど，対象とする信号が長期記憶効果をもつ度合いが増加し，その自己相関関数は緩やかに減衰する（⇒ p.117 **Note** 6.2）．なお，長期記憶効果（あるいは長期記憶過程）とは，自己相関が長期にわたって持続する特性（過程）を意味し，自己相関が時間とともに指数関数的に消滅する短期記憶過程に対する表現である．

ここで，実際の観測信号より，$m$, $\mathrm{var}(x(k)^{(m)})$ の関係について両対数プロット（$\log m$ 対 $\log \mathrm{var}(x(k)^{(m)})$）をとり，直線近似が可能な領域が確認できた場合，その傾きは，式 (6.17) より $-\beta$ に対応する．したがって，直線近似により $\beta$ を導出することができれば，ハースト指数が $H = 1 - \beta/2$ として得られる．この関係を利用したハースト指数の導出法は，VTP（variance-time plot）法として知られており，信号のデータ長が増えても分散が一定となるケースに適応できる．

また，その他のハースト指数の導出法としては，$R/S$ 統計法が知られている．$R/S$

統計量は，観測区間ごとに，観測信号の平均値からのずれを累積し，その最大値と最小値をその標準偏差で割って規格化した値である．そして，観測区間数を $N$ とし，$\log N$ と $\log(R/S)$ のプロットをとったときに直線近似できる領域が存在し，その傾きを求めることができれば，その値がハースト指数となる．$R/S$ 統計法は，対象とする信号の平均値からの離れ具合と観測時間の関係性を評価するものであり，式 (6.19) の関係に対応する．また，ハースト指数のその他の導出法として，パワースペクトル推定法，IDC（index of desperation for counts）法などが提案されている．

いずれの手法についても，解析区間などの設定条件により，ハースト指数の導出結果は一定の変動幅をもつ．また，より正確な結果を得るためには，十分な信号データのサンプル数を準備しておく必要がある．この際，異なる変数間の両対数プロットをとったときに，直線近似できる領域が十分に確認でき，自己相似性の定義が成立することが前提となる．

図 6.13 は，二つの異なる地点で観測された通信トラヒックに対するハースト指数の導出例である（1 データあたりのサンプル数 = 12000（100 ms 間隔），ハースト指数の導出法 = VTP 法）．この例は，ある建物とインターネット間を流れる通信トラヒックの観測データに基づいており，通信トラヒック全体量と特定の設置サーバ 1 台を流れる量に対応する．通信トラヒック全体量から算出されるハースト指数の分布は，0.7～0.9 前後の比率が高いのに対して，特定の設置サーバ 1 台を流れる通信トラヒックから算出されるハースト指数の分布は，0.6～0.8 付近に集中している．

すなわち，この例では，ハースト指数がより大きい前者のケースで長期記憶効果をもつ傾向があると考えられるのに対して，後者では，よりランダムに近い変動成分が多く含まれていることを示している．通信トラヒックの重畳の度合いなどにより，こうした結果の違いが生じていると推測されるが，ハースト指数は，こうした環境の違

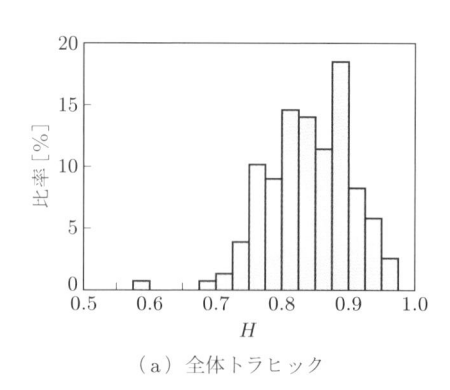

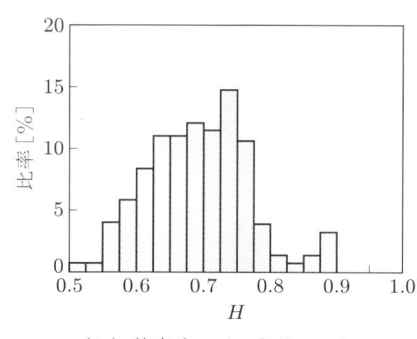

（a）全体トラヒック　　　　　　（b）特定サーバのトラヒック

図 6.13　異なる通信トラヒックのハースト指数の導出例

## 6.3 非線形現象に見られる自己相似性(フラクタル)

### Note 6.2 ハースト指数の性質

いま,自己相似過程をハースト指数を用いて表現すると,

$$\rho(k) = \frac{1}{2}\{(k+1)^{2H} - 2k^{2H} + (k-1)^{2H}\}$$
$$= \frac{1}{2}k^{2H}\{(1+k^{-1})^{2H} - 2 + (1-k^{-1})^{2H}\} \quad \text{(n.6.5)}$$

が得られる.このとき,右辺を $k^{-1}$ について展開すると,十分大きな $k$ に対して,

$$\rho(k) \to H(2H-1)k^{2H-2} \quad (k \to \infty) \quad \text{(n.6.6)}$$

となる.

したがって,$0.5 < H < 1$ の領域においては,$\rho(k)$ は緩やかに減衰し,$\sum \rho(k) = \infty$ $(-\infty < k < \infty)$ を満たすことになり,観測信号は長期記憶効果をもつ.また,$0 < H < 0.5$ の条件に対しては,観測信号はより激しく変動し,反持続的性質をもつ.さらに,$H = 0.5$(このとき,$\rho \to 0$)を満足する条件下では,観測信号は1次元ブラウン運動とよばれるような,無相関な変動特性となることを意味する.

いくつかの信号の変動とハースト指数との関係例を,図 n.6.1 に示す.図からわかるように,$H = 0.7$ のケースでは,一定方向に持続する傾向が他条件より顕著であり,長期記憶効果をもつ特性を反映している.

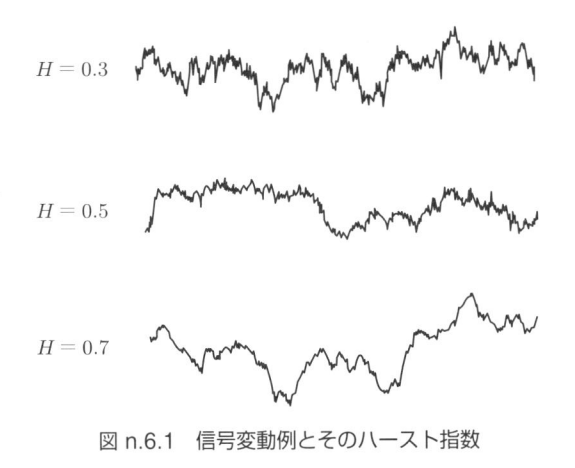

図 n.6.1 信号変動例とそのハースト指数

### 6.3.3 DFA 法による自己相似性の評価法

前項で定義したハースト指数については,観測信号の定常性・弱定常性を前提としている.すなわち,観測信号が定常的である場合,平均値,相関係数,分散などの特

性が時刻に依存しない構造となる．しかし，実際に観測される現象は，定常性・弱定常性が必ずしも保証されるわけではない．

こうした課題を踏まえて，非定常的な変動特性をもつ観測信号の解析手法として，DFA (detrended fluctuation analysis) 法が提案されている．この手法は，非定常信号に含まれる緩やかな変動成分を除去するという考え方に基づいており，ハースト指数と類似したスケーリング指数を導出する方法により，観測信号の長期記憶効果を評価することができる．

観測信号を $x(i)$ ($i = 1, 2, 3, \cdots, N$) とし，次式により定義される新たな信号列 $y(k)$ ($k = 1, 2, 3, \cdots, N$) を考える．

$$y(k) = \sum_{i=1}^{k} \{x(i) - \overline{x}\} \tag{6.20}$$

ここで，$\overline{x}$ は $x(i)$ の平均値であり，$y(k)$ は元の信号の平均値に対するずれを表す．次に，$y(k)$ を長さ $n$ の等区間に分割し，各区間内において最小二乗近似直線 $y_n(k)$（ローカルトレンド）を導出する．さらに，次式により，各区間のトレンド成分を除去した新たなパラメータ $F(n)$ を算出する．

$$F(n) = \sqrt{\frac{1}{N} \sum_{k=1}^{N} \{y(k) - y_n(k)\}^2} \tag{6.21}$$

次に，分割区間数 $n$ を変更し，すべての時間スケールより $F(n)$ を計算した後，$\log n$ 対 $\log F(n)$ のプロットより得られる傾きが，DFA 法のスケーリング指数 $\alpha$ を示す．ここで，観測信号については，$\alpha < 0.5$ の場合は反相関性，$\alpha \fallingdotseq 0.5$ の場合は無相関性，$\alpha > 0.5$ の場合は長期相関性（あるいは長期記憶性）となることが知られている．

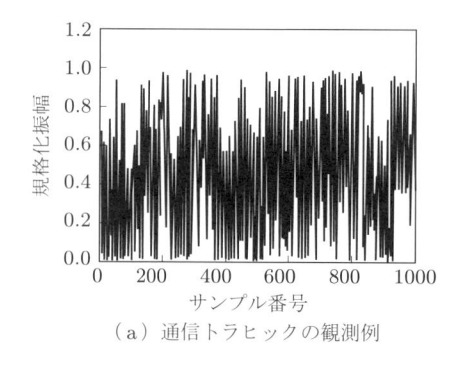

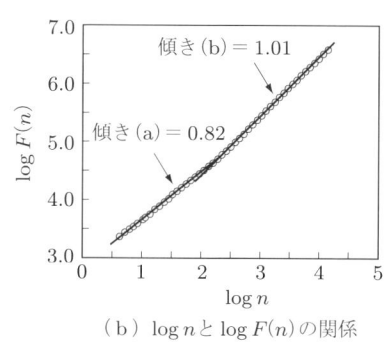

（a）通信トラヒックの観測例

（b）$\log n$ と $\log F(n)$ の関係

図 6.14　通信トラヒックの DFA 法によるスケーリング指数の導出例

ある環境で観測された通信トラヒックについて，DFA 法において定義されるスケーリング指数の導出例を図 6.14 に示す．図 (b) の $\log n$ 対 $\log F(n)$ プロットでは，$n = 2.2$ 付近に二つの傾きが観測され，ある観測領域において異なる確率的構造が存在することを示唆している．

## 6.4 非線形信号の時系列モデル

1.7 節では，観測信号の線形性を前提とした線形モデルの事例を紹介した．しかし，実際に観測される信号は必ずしも線形性を満足するわけではない．線形モデルでは十分に表現できない観測信号に対しては，非線形モデルが適用される．非線形モデルは，様々な適用領域があり，また，その適用性の評価は必ずしも容易ではない．ここでは，参考という位置づけで，代表的な非線形モデル手法例を紹介したい．

① 双線形モデル：

双線形モデルは，線形 ARMA モデルを拡張したモデルと解釈でき，次式で表現される．

$$x(n) + \sum_{j=1}^{p} a_j x(n-j) = \sum_{j=0}^{r} c_j e(n-j) + \sum_{i=1}^{m} \sum_{j=1}^{k} b_{ij} x(n-i) e(n-j) \quad (6.22)$$

上式では，ARMA モデルに積 $x(n-i)e(n-j)$ が加わった形をとっている．このモデルは，地震の振動解析などの急激な変動特性をもつモデル化などへの適用例が報告されている．

② RCA (random coefficient autoregressive) モデル：

RCA モデル（確率係数自己回帰モデル）は，AR モデルの係数 $k$ が時間的に変化するように拡張した非線形型の自己回帰モデルであり，次式のように表現される．

$$x(n) = \sum_{i=1}^{p} \{\beta_i + B_i(n)\} x(n-i) + e(n) \quad (6.23)$$

ここで，$\beta_i$ は定数，$B(n)$ は白色雑音である．このモデルでは，観測信号の非線形特性を時変数の形式で取り入れることが可能であり，経済統計や生態システム分野などで適用例が報告されている．

③ ARCH (autoregressive conditional heteroscedasticity) モデル：

ARCH モデル（自己回帰条件付き分散変動モデル）は，観測される分散が時間とともに変化するというアイデアをベースに提案された．ARCH モデルは，過去に対する条件つき分散 $h(n)$ を定義して，次式で表現される．

$$x(n) = e(n)h(n)^{1/2} \tag{6.24}$$

$$h(n) = \alpha_0 + \sum_{i=1}^{p} \alpha_i x(n-i)^2 \tag{6.25}$$

ここで，$e(n)$ は白色雑音，また，$\alpha_0$ は定数，$\alpha_i$ は係数である．ARCH モデルについては，様々な拡張モデルが提案されており，その一般化した例として，GARCH (generalized ARCH) モデルなどが知られている．このモデルは，過去の経験則に基づいて，とくに経済統計領域で多くの適用例が報告されている．

以上で示した以外に，第 7 章で述べるニューラルネットワークを用いたモデル化手法なども存在する．上述したように，非線形モデルの適用性の評価は必ずしも容易ではなく，個々の適用形態や目的に応じて，その妥当性を検証していく必要がある．

## 演習問題

**6.1** 式 (6.4) の差分量を評価する方法により，式 (6.6) が得られることを確認せよ．

**6.2** 写像関数 $x_{n+1} = 2x_n$ $(n = 0, 1, 2, \cdots)$ の解は，$x_n = 2^n x_0$ と表現できる．この写像のリアプノフ指数を求めよ．

**6.3** 問図 6.1 は，ヴィチェック雪片とよばれるフラクタル構造をもつ図形である．この図形に関するフラクタル次元を求めよ．

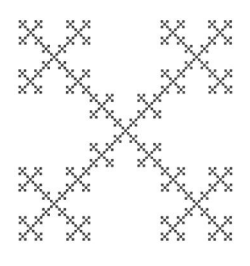

問図 6.1

**6.4** 水などの媒質中における微粒子の熱運動はブラウン運動とよばれ，現在，不規則な変動をもつ確率変数を表す際にも適用される表現である．その広がり度合いが時間の平方根に比例して増加するブラウン運動を仮定した場合のハースト指数を求めよ．

# 第7章 観測信号の識別と特徴把握

前章までにおいて，観測信号の特性を評価抽出するための信号解析手法を学んだ．次のステップとして，抽出した信号特性を用いた新たな知見の習得が課題となる．ここで，観測信号の種別や属性が判別できないようなケースを想定すると，観測信号から抽出した特性（特徴変数）を用いて，信号識別・カテゴリー分けを行う解析手法が求められる．また，観測対象とするある現象が，通常とは異なるような変動特性を示すようなケースにおいては，抽出した特徴変数を用いて，それらの相関性や規則性を説明するための解析手法が有効なツールとなる．

本章では，観測信号の特徴変数から構成される情報を信号のデータとみなし，データ間の関係性に基づいて，信号データの識別・カテゴリー分けや，特徴変数間の相関性を明らかにする際に有効な解析手法を学ぶ．

## 7.1 観測信号からのデータの設定

まず，ある観測信号から抽出した特徴変数（以下，変数）からなるデータの設定処理イメージを図 7.1 に示す．図では，時間領域上の信号列を $N$ 個ごとの区間に分割し，一定間隔ごと（$M$ 個）にシフトして複数組のデータを生成するケースと，対象全区間（$N_T$ 個）より1組のデータを生成するケースの2例を示している．ここでは，いずれのデータについても，おのおの $p$ 個の変数を設定しているが，複数変数からなるデータは多次元データとして定義される．

この際，データに設定される変数としては，各時間区間の信号列に関する平均値や標準偏差などの基本統計量だけでなく，周波数解析手法や非線形解析手法などから抽出される数値変数を活用することができる．ただし，数値変数だけでなく，たとえば，遺伝子のタイプのような属性を示す名義変数や，オンオフ情報（0と1など）を2値変数として採用することもある（⇒ p.122 **Note** 7.1）．

次節以降では，こうして設定した多次元データの分析に有効な手法を紹介したい．

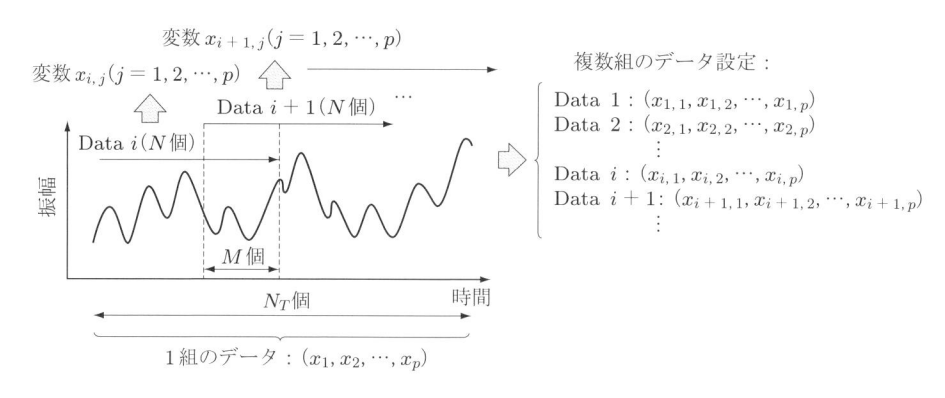

図 7.1　観測信号からのデータの生成

### Note 7.1　多次元データの変数分類例

多次元データの構成要素である変数は，いくつかの型に分類することができる．多次元データ間の類似度・非類似度の判定時には，その構成要素となる変数は重要な指標となる．

以下に分類例を述べる．

① 2値変数：
2値データ（0 または 1 など）で表現される変数であり，二つの属性に分類する際に利用される．

② 名義変数：
属性が記号や名称分類で表現される変数であり，たとえば，血液型や遺伝子のタイプなどのような属性を示す際に利用される．したがって，2値変数は，名義変数の一つとみなすことができる．

③ 実数変数（数値変数）：
一般的な実数で表現される変数であり，客観的な数値として扱うことができる情報である．なお，得られた値が整数のみをとるような場合も，便宜上，実数変数としてみなすことができる．

## 7.2　クラスター分析

クラスター分析（cluster analysis, クラスタリング）とは，一般的には，外的な基準を事前に設定せずにデータを自動分類する手法（教師データなし型）を指す．ここで，クラスターとは，ぶどうの房などのように，ひとかたまりの集団を意味する．対象とするデータを，その特徴に基づいて部分集合に分類し，データ間の類似度・非類似度を分析する際の尺度に利用される．データ間の関係を示す構造としては，階層型

と非階層型に大別され，前者については，樹形図構造により対象データを分類し，後者については，一般的に2次元平面上で非階層的にデータを分類する．ただし，外的な基準を設定する手法（教師データあり型）についても，クラスター分析の範疇で扱われるケースもあるが，本節では対象としない．

本節では，多次元データの類似度・非類似度の基礎概念を示すとともに，階層型および非階層型クラスタリングの代表的な手法について述べる．

### 7.2.1 多次元データ間の類似度・非類似度の設定法

多次元データにおける類似度・非類似度は，異なる多次元データ間の特性や関連度の判定基準となる．対象とする変数種別によって評価尺度は異なり，類似度・非類似度の設定に際して，いくつかの方法を挙げることができる．

#### (1) 2値変数や名義変数から構成される多次元データ

2値変数や名義変数に対するその類似度・非類似度（関連度）の評価尺度例として，まず，多次元データ間での変数の一致数や，各変数の発生確率などの統計量を挙げることができる．また，各変数に関する統計量などをデータ変数とするのではなく，各変数に任意の数値を割り当て，後述するデータ距離を用いる方法も考えられる．しかし，これら変数を実際に扱う際の問題設定は複雑であり，個々の事象に応じて適切な手法を選択する必要がある．

#### (2) 数値変数で構成される多次元データ

数値変数で構成される多次元データについては，変数間の距離を評価する方法が一般的である．ここで，多次元データが$p$個の変数をもつとき，データ $\boldsymbol{x}_i = (x_{i1}, x_{i2}, \cdots, x_{ip})$ とデータ $\boldsymbol{x}_j = (x_{j1}, x_{j2}, \cdots, x_{jp})$ のもっとも一般的な評価尺度として，ユークリッド距離 $d$ が次式で定義される．

$$d = \sqrt{(x_{i1} - x_{j1})^2 + (x_{i2} - x_{j2})^2 + \cdots + (x_{ip} - x_{jp})^2} \tag{7.1}$$

また，その他の距離の尺度として，ユークリッド距離を一般化したミンコフスキー距離や，データの分布特性を考慮したマハラノビス距離といった定義なども知られている．さらに，1.3節で示した相関係数も，多次元データ間の類似度・非類似度を測る際に有効な指標の一つとなる．

なお，多次元データを扱う際には，元のデータ変数のまま扱うのではなく，前処理を実施するのが望ましい場合もある．以下に，データの変数に関する留意事項を述べる．

- データ変数のばらつき：
  データ間のばらつきが非常に大きい場合などでは，一定の基準で正規化したり，対数（log）による補正を実施した方がよいケースがある．
- 高次元データの扱い：
  扱うデータの次元数が増加すると，時としてデータの類似性を評価するのに不要な情報が含まれるケースがある．この場合，外的情報などを用いて不要と考えられる属性を排除し，データの次元数を減らすなどの工夫が必要である．また，選択する変数により，分析結果が大きく異なるケースもある．こうしたケースでは，目的やデータの傾向に応じて，採用する変数を見直す必要がある．

### 7.2.2 階層型クラスタリングによるデータ分析

デンドログラム（dendrogram）とよばれる樹形図構造により，多次元データをクラスターに分類する手法が階層型クラスタリングである．クラスター数は事前に設定する必要はなく，結合する位置を用いてクラスター間の類似度・非類似度を評価することができる．

階層型クラスタリングは，処理法により，凝集型（agglomerative type）と分岐型（divisive type）に分けることができる．

#### (1) 凝集型

初期設定の時点において，各要素（データ）をそれぞれクラスターとみなし，類似度（距離）の近い近接クラスターを徐々に統合していくタイプである．処理フロー（図7.2）を以下に示す．

① ステップ1

各データをそれぞれ単一要素のクラスターとみなす．このとき，クラスター全体集合を $G = \{G_1, G_2, \cdots, G_n\}$ とする．

② ステップ2

距離関数を用いて，もっとも類似するクラスターのペア $G_i, G_j$ を選択する．

③ ステップ3

$G_i, G_j$ を併合し，クラスター $G_{\text{new}}$ を作成する．

④ ステップ4

$G$ に $G_{\text{new}}$ を追加し，$G_i, G_j$ を削除する．

⑤ ステップ5

クラスターの数が1になるまで②以降を繰り返す．

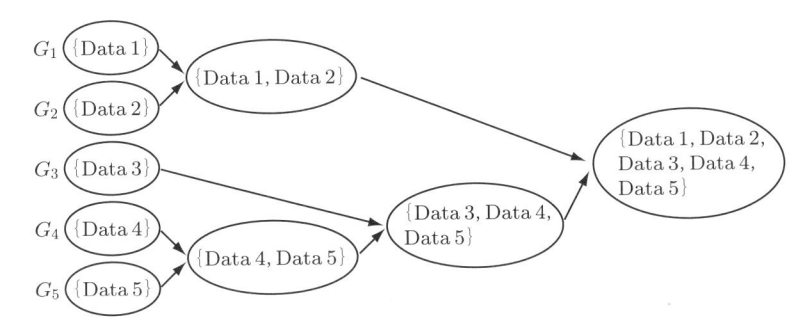

図 7.2　凝集型の処理フロー（データ数 = 5 のケース）

### (2) 分岐型

最初に全要素（データ）を一つのクラスターとみなし，類似度（距離）の低いクラスターを徐々に分割していくタイプである．ただし，一般的に，凝集型に比較して計算処理が重い点が課題とされる．処理フロー（図 7.3）を，以下に示す．

① ステップ 1

全データを一つのクラスター $G_i$ とし，その要素である全データ間の類似度を距離関数を用いてチェックする．

② ステップ 2

類似度の低いデータ（通常は 2 データを 1 セットとする）を，別クラスター $G_j$ として分割する．

③ ステップ 3

次に，$G_i$ 中の残りのデータより，類似度の低いデータ（1 または 2 データ）を再度分割する．この後，同じ操作を反復する．

④ ステップ 4

分割されたクラスターについても，分割操作を反復実施する．

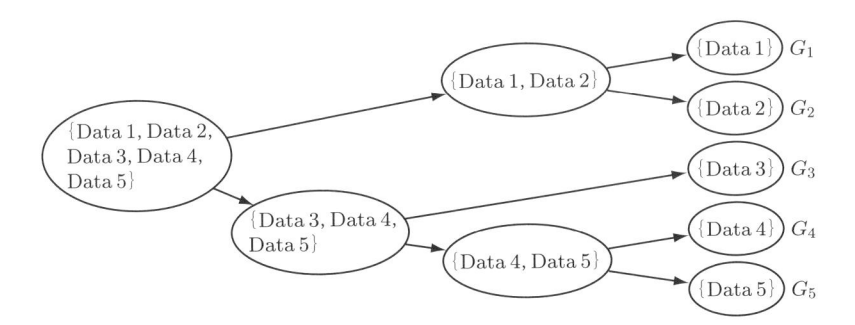

図 7.3　分岐型の処理フロー（データ数 = 5 のケース）

⑤ ステップ5

クラスター数がデータ数と等しくなるまで実施する．

以上の二つの処理において，距離関数は，最短距離法，最長距離法，群間平均法などの手法より選択する．なお，以下では，個体 $x_1, x_2$ の距離を $d(x_1, x_2)$，クラスター $G_1, G_2$ の距離を $d(G_1, G_2)$ とする．

- 最短距離法：対象クラスターに含まれる個体類似度の最大値（あるいは，非類似度の最小値）で定義する．

$$d(G_1, G_2) := \min_{x_1 \in G_1,\ x_2 \in G_2} d(x_1, x_2) \tag{7.2}$$

- 最長距離法：対象クラスターに含まれる個体類似度の最小値（あるいは，非類似度の最大値）で定義する．

$$d(G_1, G_2) := \max_{x_1 \in G_1,\ x_2 \in G_2} d(x_1, x_2) \tag{7.3}$$

- 群間平均法：対象クラスターに含まれる個体類似度の平均値で定義する．

$$d(G_1, G_2) := \frac{1}{|G_1||G_2|} \sum_{x_1 \in G_1} \sum_{x_2 \in G_2} d(x_1, x_2)$$

（$|G_i|$ はクラスター内の個体数） $\tag{7.4}$

たとえば，**表7.1** のような複数の電磁雑音データ（ノイズA～R）から特徴量（変数）を抽出したデータに対して，階層型クラスタリング（凝集型）を適用すると，**図7.4** のようになる．この結果では，左側に表示した元のノイズA～Rから結合を繰り返しながら，最終的に一つのクラスタ（グループ）に結合していく構造になっており，結合位置において，各データが所属するグループを確認することができる．ここで，全体構造をチェックすると，距離90付近において｛グループA｝とそれ以外に大きく分類され，次に，距離50付近において，グループA以外のデータ群は，｛グループB｝

表7.1 電磁ノイズの特性

| データ名 | 変数1 | 変数2 | … | 変数 $p$ |
|---|---|---|---|---|
| ノイズA | 80.5 | 5.6 | … | 1.2 |
| ノイズB | 75.5 | 4.4 | … | 2.5 |
| ⋮ | ⋮ | ⋮ | ⋱ | ⋮ |
| ノイズR | 25.4 | 18.9 | … | 14.4 |

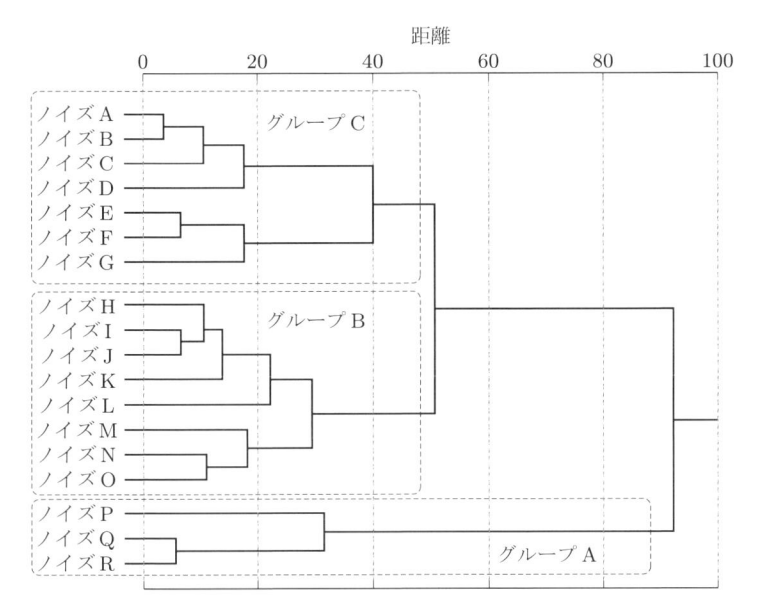

図7.4 階層型クラスタリングを用いたノイズ分類例（凝集型）

と｜グループC｜に分類される．また，各グループAにおいても，より小さい距離の位置でさらに小グループに分類されることがわかる．

この例が示すように，階層型クラスタリングを用いることで，各個別データが所属するグループの構成や類似度を，距離に応じて階層的に識別することができる．

### 7.2.3 非階層型クラスタリング手法によるデータ分析

対象データを非階層的にクラスター分析する手法としては，K平均法（K-means法）や自己組織化マップ（7.3節参照）などが代表例である．

K平均法は，事前に指定した数のクラスターへデータ分割する手法であり，各クラスター内部に中心（$C_i$とする）を設定し，その中心（重心）の周囲にクラスターを形成する．

具体的には，各データ$x$とクラスターの中心$C_i$とのユークリッド距離$D(x, C_i)$より，評価関数

$$E = \sum_{i=1}^{K} \sum_{x \in C_i} D(x, C_i)^2 \quad (x：各データ，C_i：各クラスターの重心点) \quad (7.5)$$

を最小化するように，$K$個のクラスターに分割する．K平均法の処理フローを，以下に示す（図7.5）．

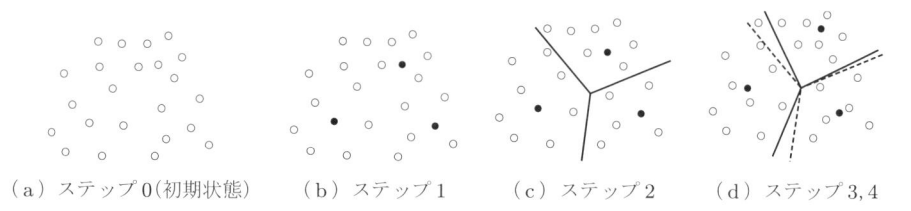

(a) ステップ0 (初期状態)　(b) ステップ1　(c) ステップ2　(d) ステップ3, 4

図 7.5　K 平均法の処理フロー

① ステップ1
全データより，$K$ 個無作為にデータを選択し，初期クラスター中心として設定する．
② ステップ2
$K$ 個のクラスター中心と全データの距離（類似度）を計算し，各データをもっとも近い中心を含むクラスターに属させる．
③ ステップ3
$K$ 個のクラスターの中心をそれぞれ再計算する．
④ ステップ4
全データと $K$ 個の中心との距離を再計算し，もっとも距離の近い中心を含むクラスターに属させる．
⑤ ステップ5
クラスター中心の位置がほぼ定まり，収束判定条件を満たすまでステップ3, 4を繰り返す．

　本手法は，事前にクラスター数を設定することになるが，その妥当性の判断は必ずしも容易ではない．各クラスター中のばらつきの度合いが偏るような場合には，適切な解が必ずしも得られないこともあるため，複数条件に適用するなどして検証することが重要である．一方，分類対象が非常に大規模なデータ群に対しては，階層型手法に比較して一般的に効率的であると考えられる．

## 7.3　ニューラルネットワークを用いたデータ解析

　ニューラルネットワーク（NN；neural network）とは，動物の脳細胞の仕組みを参考とした数理的な情報処理モデルを指す．人間の脳は，ニューロン（neuron）とよばれる情報伝達を担う神経細胞と，神経細胞への栄養補給などの役割を担うグリア細胞から構成されるが，ニューロンの情報伝達の仕組みを参考としたモデルがニューラルネットワークである．

ニューロンは相互に連結し，巨大なネットワークを形成することで，イオン濃度刺激の伝達という形で知的活動を実現している．なお，一般的に適用されるニューラルネットワークは，脳細胞の情報伝達の仕組みを簡易にモデル化したニューロンが結合したネットワークを意味するが，実際の脳のはたらきとはかい離していることから，人工ニューラルネットワークとよばれることもある．

さて，前述したクラスター分析では，外的な基準を設定することなく，対象とするデータ間の相関性評価やカテゴリー分けへの適用を目的とするものであった．一方，ニューラルネットワークは，既存のデータ群の分類評価に適用するだけではなく，たとえば，ある既知のデータの事前処理に基づいて，未知データを推定する問題などの多様な応用形態がある．

本節では，ニューラルネットワークの基礎的な概念や分類例を示すとともに，具体的な適用事例を述べる．

### 7.3.1 ニューロンにおける情報伝達

人間の脳は，知覚・記憶・判断・運動の命令・感情などの高度な精神活動や，呼吸や循環器系の調整などの生命維持活動などを制御する．脳は，大別するとニューロンとグリア細胞より構成され，前者が情報伝達の役割を担っている．ここで，あるニューロンから別のニューロンへの刺激の伝達処理は，シナプスとよばれる細胞末端部における化学伝達物質（神経伝達物質）の濃度変化が最初のステップとなる．化学伝達物質の濃度変化は，細胞内のイオン濃度の変化を引き起こし，細胞膜内外の活動電位が変動する．この活動電位の変化は，軸索とよばれる経路を伝搬し，さらに別のニューロンへと刺激が伝達される（図7.6）．

刺激を受け取る側のニューロンは，ほかのニューロンからの刺激（入力）の総和がある値を超えると応答する．一連の刺激の伝達ステップに基づいて，入力に重み付けを与えた数理的な基本モデルを図7.7に示す．こうしたニューロンに関する基本モデ

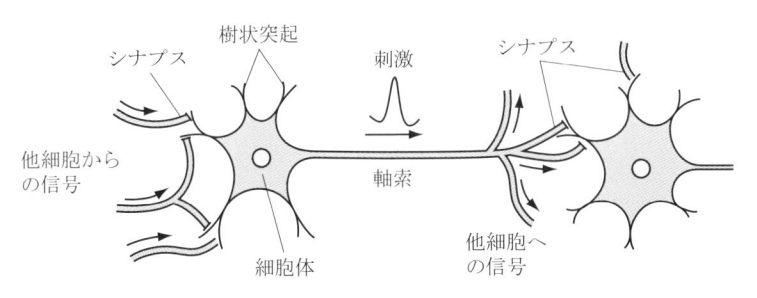

図7.6 ニューロン（神経細胞）の基本構造

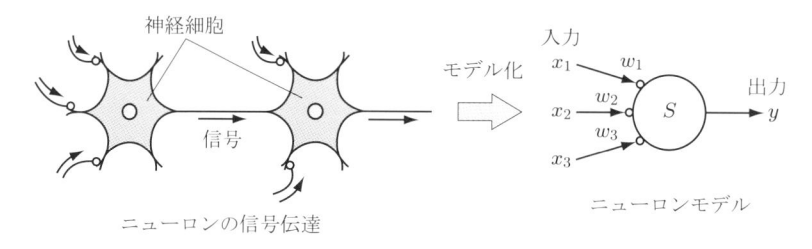

図 7.7 ニューロン（神経細胞）の入出力応答の基本モデル

ルは，1940 年代に W. McCullo，W. Pitts，D. Hebb らによって提案された基本概念に基づいている．

ここで，神経モデルへの入力刺激を $x_i$ $(i = 1, 2, \cdots, N)$，各入力刺激の重み付け（結合荷重）を $w_i$ $(i = 1, 2, \cdots, N)$ とすると，その総和 $S$ は次式となる．

$$S = \sum_{i=1}^{N} w_i x_i \tag{7.6}$$

一般的な基本モデルの設定では，事前に設定したあるしきい値 $\theta$ を超えた場合に反応出力する方法（0, 1 などの 2 値出力）と，非線形的な関数を用いた連続値を出力する方法の二つの考え方がある（図 7.8）．後者のような連続値を出力する手法では，シグモイド関数（$= 1/(1 + e^{-S})$），tanh，ReLU（Rectified Linear Unit）などの関数が用いられており，ニューラルネットワークの応答に対する拡張性が増すことになる．

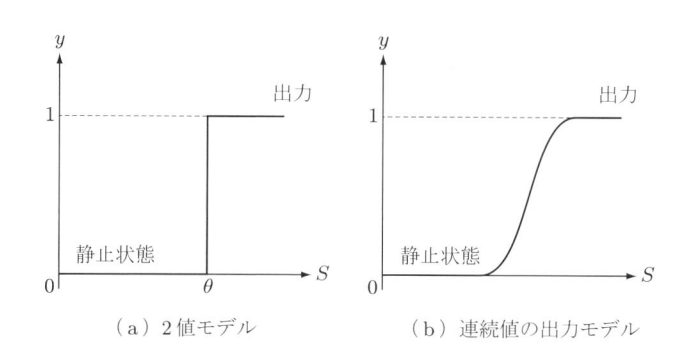

（a）2 値モデル　　　（b）連続値の出力モデル

図 7.8　基本モデルの入力に対する応答出力例（活性化関数ともよばれる）

### 7.3.2　ニューラルネットワークの分類

脳の情報処理機構をモデル化したニューラルネットワークは，その学習法や構造などの点からいくつかに分類することができる．

## (1) 学習法による分類例（図7.9）
### ① 教師ありモデル：

教師ありモデルとは，既知の入力データと，それに対する出力データの組（学習データ）を用いて，ニューラルネットワークを学習する処理（最適化処理）を実施した後に，未知の入力データの出力推定を行う手法である（なお，この既知の出力データを教師データとよぶことも多い）．教師ありモデルの学習法の代表例としては，後述する階層型ニューラルネットワークにおけるバックプロパゲーション法を挙げることができる．教師ありモデルは，一定数の教師データを事前に準備することで，データ識別・カテゴリー分け，システム制御・予測問題などの応用分野に適用可能である．

### ② 教師なしモデル：

教師なしモデルとは，事前に既知の教師データを与えるのではなく，評価対象とするデータを与え，最適化処理により，データの特徴量を抽出して評価する手法に対応する．教師データを必要としない学習法を用いる代表例としては，階層構造をもつネオコグニトロンや後述する自己組織化マップがある．教師なしモデルは，入力データの特徴量抽出・識別・カテゴリー分けなどの応用問題に適用可能である．

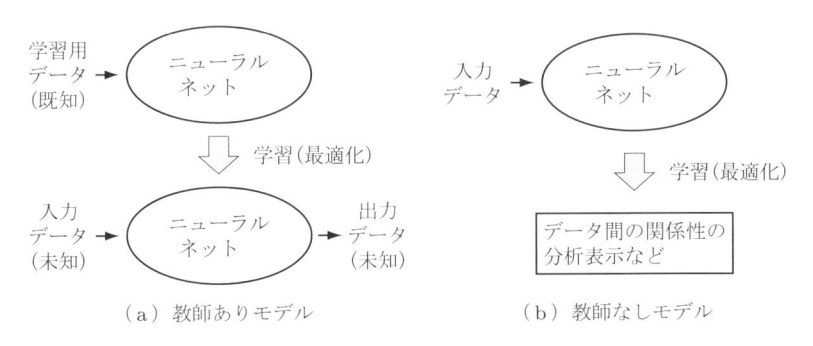

図 7.9　教師ありモデルと教師なしモデル

## (2) 構造による分類例（図7.10）
### ① 階層型モデル：

情報の入出力部であるニューロンが階層的な構造をとり，同一層内のニューロンが相互に結合しないタイプが階層型モデルである．このモデルは，1950年代後半にF. Rosenblattにより提案されたパーセプトロンを原形とする．この初期モデルの入出力のパターンは0か1の2値出力であり，中間層と出力層間の結合荷重のみを最適化していた．このため，実質的には2層構造に対応して，データ解析時の適用範囲に制約があった．この分野の研究は，その後しばらく冬の時代を迎えることになるが，1980

```
       入力層  中間層  出力層
       （a）階層型モデル              （b）相互結合型モデル
```

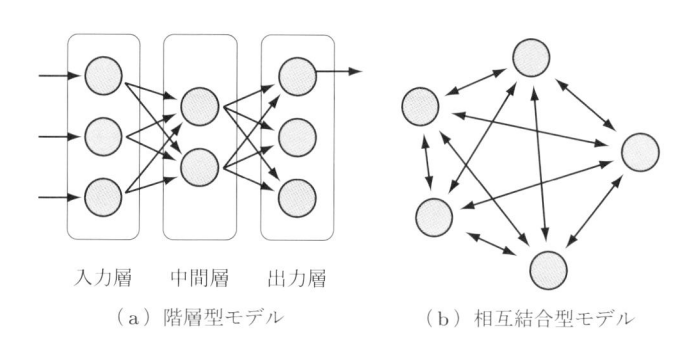

図 7.10　階層型モデルと相互結合型モデル

年代半ばに D. Rumelhart らによる多層化の試みにより大きく発展した．

　階層型モデルでは，入力データは，入力層から中間層を経て出力層に向かって流れ，出力層から出力データが出力される．ここで，中間層の数は任意に設定することになるが，入力層と出力層の 2 層のみでは，学習精度上，適用可能領域に限界が生じ，一方，中間層の数を増やしすぎると，最適化処理の効率が低下する．なお，階層型モデルの多くは教師あり型に対応するが，たとえば，中間層が複数からなる深層学習では，教師なし型と組み合わせた手法も適用される．応用分野としては，データ識別・カテゴリー分け，システム制御・予測問題などの幅広いテーマが挙げられる．

② 相互結合型モデル：

　情報の入出力部であるニューロンが相互に結合するタイプは，相互結合型モデルとよばれる．相互結合型モデルでは，ある初期値より開始し，各ニューロンが相互に影響を与えながら状態変化を繰り返し，平衡状態（あるいは，周期的な平衡状態など）へ至るまで最適処理を実施する．相互結合型モデルは，事前に特定パターンの結合荷重を設定し，未知の入力データに対する応答を解析するホップフィールドネットワークやボルツマンマシンなどが有名であり，組合せ最適化問題や連想記憶などへの応用分野に適用可能である．

### 7.3.3　ニューラルネットワークの学習処理例

　ここでは，学習法の分類で示した教師ありモデルと教師なしモデルについて，データ解析へ適用可能な手法を述べる．

### (1) バックプロパゲーション法を用いたデータ解析（教師ありモデルの例）

　ニューラルネットワークの中で適用範囲が広いと認識されている学習法として，階

層型ニューラルネットワークで用いられるバックプロパゲーション法（誤差逆伝播法）を挙げることができる．事前に把握している教師データを元に，結合荷重を最適化し，その後，未知の入力データに対する応答出力を推定する．

バックプロパゲーション法の概念を図 7.11 に示す．図のように，最初のステップとして，入力層と出力層に対して，既知の入力データと出力データの組を学習データとして与えることで，結合荷重を最適化する．

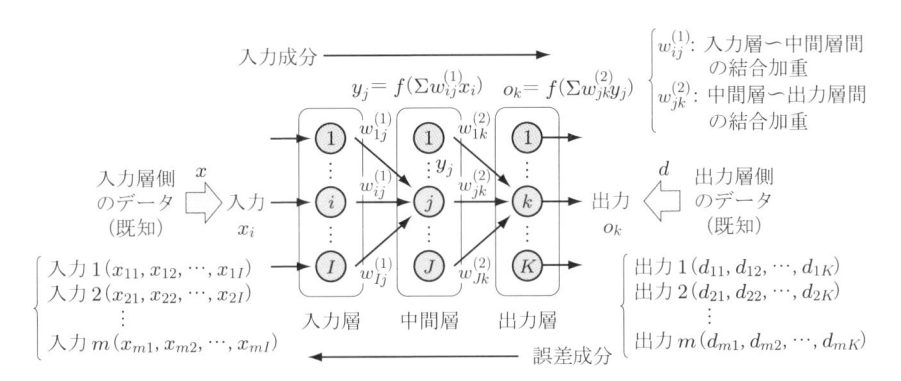

図 7.11 バックプロパゲーション法の基礎概念（3 層モデルの例）

バックプロパゲーション法の最適化処理フローを以下に要約する．

① ステップ 1

すべての結合荷重 $w$ に初期値を割り当てる．一般的には，乱数を用いて小さい値に設定する．

② ステップ 2

入力層側と出力層側より，既知の学習データ（入力層側への入力データ $x$，出力層側への出力データ $d$）を与える．

③ ステップ 3

既知の入力データと結合荷重 $w$ より，出力層への出力値を計算する．3 層モデルのケースでは，ある層から次層への出力関数を $f$ として，次のようになる．

$$\left.\begin{array}{l}\text{中間層の出力}: y_j = f\left(\sum_i w_{ij}^{(1)} x_i\right) \\ \text{出力層の出力}: o_k = f\left(\sum_j w_{jk}^{(2)} y_j\right)\end{array}\right\} \tag{7.7}$$

④ ステップ 4

得られた出力結果 $o_k$ と既知出力データ $d_k$ より誤差（二乗誤差）を算出し，その誤差エネルギー $E$ を最小化するように結合荷重 $w$ を修正する．

$$誤差エネルギー関数例 : E = \frac{1}{2}\sum_k (d_k - o_k)^2 \tag{7.8}$$

なお，結合荷重 $w$ の修正は，更新回数を $t$，補正値を $\Delta w$ として次式で表現される．

$$w(t+1) = w(t) + \Delta w \tag{7.9}$$

⑤ ステップ 5

誤差エネルギー $E$ が一定値に収束しない間はステップ 2 へ戻って，最適化処理を反復する．収束した場合は，最適化処理を終了する．

以上の一連の学習アルゴリズムにより，ニューラルネットワーク内部の結合荷重は最適化され，未学習の入力データを入力層へ入力することで，その応答出力が推定できる．この学習モデルでは，入力層側への学習データは，入力層から出力層の方向へ流れるのに対して，出力誤差は出力層から入力層向きに逆方向へ伝播して結合荷重の最適化が行われる（⇒ **Note** 7.2）．

なお，上記のフローにおいて，もし仮に，すべての結合荷重に同じ初期値を設定して上記の学習を実行した場合には，すべての結合荷重は同じように変化し，正しい最適解を得ることができない．こうした問題を避けるためには，ステップ 1 で示したように，結合荷重の初期値をランダムな小さい値に設定するのが一般的である．

観測信号のデータ識別における活用に際しては，観測信号より抽出した数値変数だけでなく，0,1 などの 2 値や名義変数（信号属性など）も教師データとして適用可能である．名義変数については，たとえば，信号種別ごとに適当な管理番号を割り当てることで，データ識別やグループ判定が実現できる．ただし，このような推定問題へ適用する際には，各種条件で観測した多数の教師データを準備する必要があり，誤差評価を含めて適用範囲を十分に精査することが重要である．

### **Note** 7.2　バックプロパゲーション法における結合荷重の更新処理

バックプロパゲーション法における結合荷重 $w$ の更新処理では，出力層の出力と教師データ（出力層側）の差で定義される誤差エネルギー関数 $E$ に着目する．結合荷重を微小量変化させたときに，誤差エネルギー $E$ が減少する方向に変化させると，結合荷重の修正量 $\Delta w$ は，

$$\Delta w = -\eta \frac{\partial E}{\partial w} \tag{n.7.1}$$

となる．ここで，$\eta$ は学習係数とよばれ，上式は，エネルギーを最小化する方向に最適化する最急降下法により解を決定する．いま，出力層の $k$ 番目の出力を $o_k$，中間層と出

力層間の結合加重を $w_{jk}$ とすると，上式は，

$$\Delta w_{jk} = -\eta \frac{\partial E}{\partial w_{jk}} = -\eta \frac{\partial E}{\partial o_k}\frac{\partial o_k}{\partial w_{jk}} \tag{n.7.2}$$

と分解できる．さらに，式 (7.7), (7.8) の関係を考慮すると，上式は，

$$\begin{aligned}\Delta w_{jk} &= -\eta\{-(d_k - o_k)\}f'\left(\sum w_{jk}y_j\right)y_j \\ &\equiv \eta\delta_k y_j\end{aligned} \tag{n.7.3}$$

となる．ここで，$\delta_k$ は誤差項として定義される．階層型ニューラルネットワークにおいて，各層の出力関数 $f$ として，シグモイド関数（$f(t) = 1/(1+e^{-at})$, $a$：係数）を採用した場合には，その微分値は，

$$f'(t) = \frac{ae^{-at}}{(1+e^{-at})^2} = af(t)\{1-f(t)\} \tag{n.7.4}$$

となり，結合荷重 $w$ は，式 (7.9) に基づいて更新される．このとき，中間層の出力値は，入力層側への学習データの値より計算され，それらには，入力層～中間層の結合荷重（4層モデル以上では，中間層～中間層間の結合荷重）も含まれる．バックプロパゲーション法のアルゴリズムでは，出力層から入力層に向けて各層ごとに結合荷重が更新され，すべての教師データに対する誤差エネルギーが一定値以下になった場合に，収束したと判断して終了する．

なお，以上のアルゴリズムは，1 組の学習データを提示するたびに結合荷重の更新を実施する逐次更新型に対応している．一方，1 組の学習データを提示した際に，結合荷重の更新を蓄積し，全学習データ提示後に，結合荷重を一括して更新する手法も存在する．後者は，すべての誤差エネルギー総和の極小値を与える結合荷重を探索するうえで効果的な手法の一つとなる．

また，誤差エネルギー関数を最小化させる最適化処理において，その値が最適解に収束せず，局所解に収束するケースがある．こうした問題に対して，中間層のニューロンの数を増加させたり，最適化処理の際に結合荷重の値などの条件を変更する焼きなましとよばれる手法などを用いることで，一定の改善が期待できる．

## (2) 自己組織化アルゴリズムを用いたデータ解析（教師なしモデルの例）

自己組織化アルゴリズムを用いた自己組織化マップ（自己組織化特徴マップともよばれる）は，事前の教師データを必要としない教師なしモデルの代表例である．入力データの中の隠れた特徴を抽出し，その類似度に応じて，データの特徴分類が行うことができ，クラスター分析手法の一つに分類される．

ここで，自己組織化マップの概念を図 7.12 に示す．図において，自己組織化マップは，入力層と出力層（競合層）の 2 層からなり，その間は参照ベクトルとよばれる

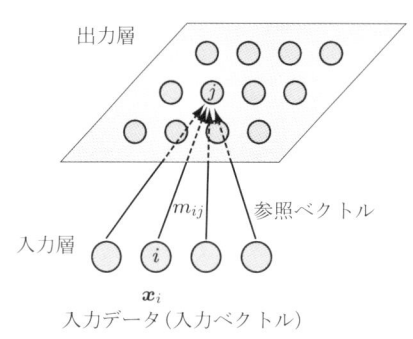

図 7.12 自己組織化マップ

荷重で接続される．入力層は学習対象とする入力データを入力するための第 1 層であり，出力層は学習結果を視覚的に確認するための層となる．通常，出力層（2 次元平面）上に，ユニットとよばれる出力結果の表示枠が配列される．

自己組織化マップでは，複数の変数をもつ入力データ（多次元データ）ともっとも一致するように参照ベクトルを探索し，類似度に応じて，出力層に対応する入力データを配置することで視覚的なデータ解析を実現する．

自己組織化アルゴリズム（競合学習とよばれる）の処理フローを以下に要約する．

① ステップ 1

入力層と出力層間の荷重（参照ベクトル）に初期値を割り当てる．一般的には，乱数を用いて小さい値に設定する．

② ステップ 2

入力層に入力データを入力する．以下，入力データは，入力ベクトル $\boldsymbol{x}$ と扱う．

③ ステップ 3

出力層において，入力ベクトル $\boldsymbol{x}$ と各ユニットの荷重（参照ベクトル）$\boldsymbol{m}$ との距離を計算し，最小となる参照ベクトルを探索する．

$$\|\boldsymbol{x} - \boldsymbol{m}_c\| = \min_i \{\|\boldsymbol{x} - \boldsymbol{m}_i\|\} \tag{7.10}$$

このとき，選択されるベクトルをもつユニットを勝者ユニットとよび，$C$ とする．

④ ステップ 4

勝者ユニット $c$ の周辺領域におけるユニット $i$ に対応する参照ベクトル $\boldsymbol{m}_i$ の値を，次式に基づいて更新する．この学習により，勝者ユニット $c$ の周辺領域のユニットに対応する参照ベクトルは，入力ベクトルの値に近づく．

$$\boldsymbol{m}_i(t+1) = \boldsymbol{m}_i(t) + h_{c,i}(\boldsymbol{x}(t) - \boldsymbol{m}_i(t)) \tag{7.11}$$

ここで，$t$ は更新回数を意味する．また，$h_{c,i}$ は近傍関数とよばれ，その更新領域も時間とともに減少させていく．なお，近傍関数としては，ガウス関数を適用する手法や，指定領域を正方形状で囲む手法などが考えられる．

⑤ ステップ5

参照ベクトルの変動値が一定値に収束しない間はステップ2へ戻って，最適化処理を反復する．収束した場合は，出力層上のユニットがもつベクトル量と入力ベクトルが一致したと判断し，最適化処理を終了する．

以上の一連の学習アルゴリズムを実行し，自己組織化マップの出力層に配置されるユニットに対して入力データを割り当てることで，その応答出力が視覚的に確認できる．自己組織化マップでは，評価対象とする入力データのみを用いて学習し，その類

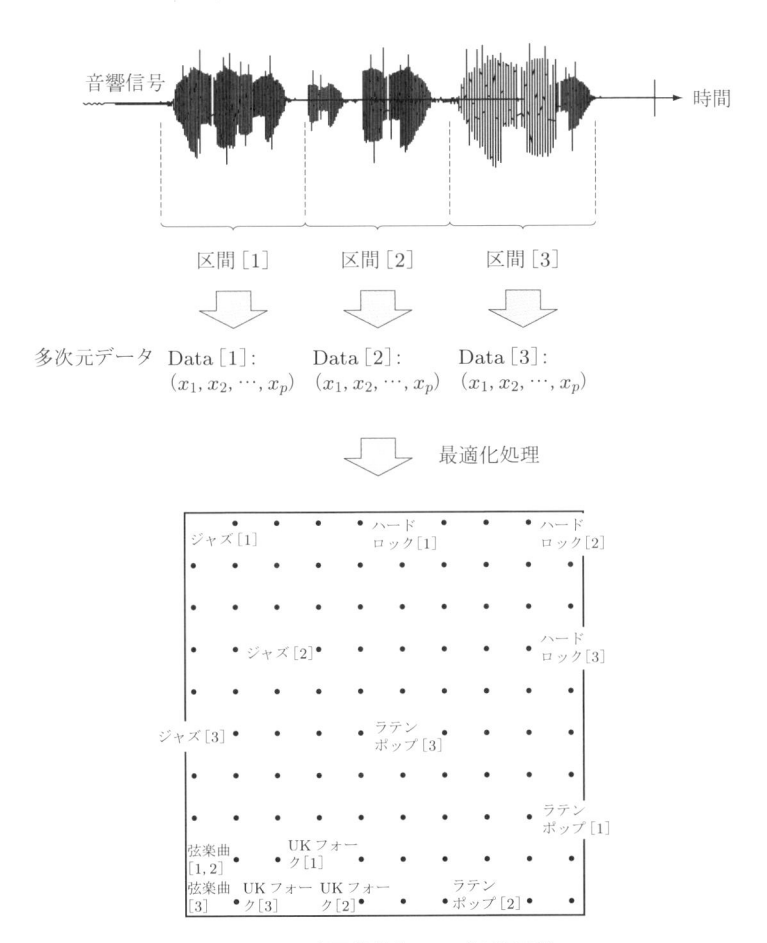

図 7.13 自己組織化マップの適用例

似度に応じて配列表示されるため，入力データ間の特徴を視覚的に判定することができるという特徴をもつ．

ここで，観測信号の識別における活用に際しては，バックプロパゲーション法と同様に，観測信号より抽出した数値変数だけでなく，0，1などの2値や名義変数（信号の属性など）も適用可能である．名義変数としては，たとえば，信号種別ごとに適当な管理番号を割り当てることで，信号識別やグループ判定が実現できる．出力層上への入力データの表示に際しては，文字情報をそのまま適用可能なアプリケーションソフトが一般的に普及しており，入力データに数値などを必ずしも割り振る必要はない．

なお，入力ベクトルと参照ベクトルにカテゴリー（クラスラベル）を割り当てた学習ベクトル量子化（LVQ；learning vector quantization）法とよばれる改良モデルも提案されている．LVQ法では，入力ベクトルと参照ベクトルのカテゴリーが一致している場合に，入力ベクトルと参照ベクトルの距離を近づけ，一致しなければ遠ざけるという操作を行うため，教師あり型のパターン分類とみなすことができる．

図7.13は，複数種の音楽情報ファイル（音響信号）より入力データを生成し，自己組織化マップに適用した学習例である．この例では，対象とする音響信号を一定の時間区間ごと（[1]，[2]，[3]）に分割し，各区間の信号列から特徴変数を抽出した後，多次元データ（自己組織化マップへの入力データ）として設定している．

音響信号の変動特性に応じて，2次元平面上の格子点にデータが配置されており，各データ間の相関性が視覚的に把握できることがわかる．

## 7.4 多変量解析

複数変数をもつデータを統計的に解析する手法として，多変量解析と総括的によばれるアプローチが有名である．多変量とは，互いに関係のある複数の変数値を指し，多変量解析とは，対象データから抽出した変数間の相互関係を分析する統計的解析手法の総称である．したがって，多変量解析は，対象データを単純にカテゴリー分けするのではなく，変数間の相関関係の定量化や因果関係の把握を目的としたデータ分析アプローチ手法とみなすことができる（ただし，7.2節に整理したクラスター分析を多変量解析の一つとみなす扱い方もある）．

本節では，代表的な多変量解析手法を取り上げ，その概要と適用事例について解説する．

### 7.4.1 主成分分析

主成分分析（PCA；principal component analysis）とは，相関関係があるいくつ

かの要因（変数）を統合化して，標本データの特性を明らかにする手法である．主成分分析では，データを構成する変数（$p$ 個）に相関性があると仮定し，データの特性に与える因子を要約する統合指標を導入する方法により，変数間の関係性を把握する．

変数 $x_i$ $(i=1,2,\cdots,p)$ の線形結合の形で統合指標 $z_j$ $(j=1,2,\cdots,m)$ を

$$\left.\begin{aligned} z_1 &= a_{11}x_1 + a_{12}x_2 + \cdots + a_{1p}x_p \\ z_2 &= a_{21}x_1 + a_{22}x_2 + \cdots + a_{2p}x_p \\ &\vdots \\ z_m &= a_{m1}x_1 + a_{m2}x_2 + \cdots + a_{mp}x_p \\ &(\text{ただし，}\ a_{j1}{}^2 + a_{j2}{}^2 + \cdots + a_{jp}{}^2 = 1,\ m \leqq p) \end{aligned}\right\} \quad (7.12)$$

と表現し，係数 $a_{ji}$ を決定する．この中で，もっとも分散の大きい $z_1$ は第 1 主成分（標本データの分布範囲がもっとも大きい成分），次に分散の大きい $z_2$ は第 2 主成分（標本データの分布範囲が 2 番目に大きい成分），…となる．このとき分散が大きいほど，その主成分の影響を強く受けること（すなわち，情報量が多いこと）を意味し，小さな分散に対する主成分を計算することはあまり意味をもたないことになる．また，第 $j$ 主成分の分散をすべての分散の総和で割った値は寄与率とよばれ，寄与率を第 1 主成分から順に累計したものが累積寄与率と定義される．選ばれる主成分の個数 $m$ は，累積寄与率が 90〜95% 程度を目安として決定する．

なお，係数 $a_{ji}$ の決定については，いくつかのアプローチが存在する．その中で，統合指標 $z$ の分散の最大化により主成分を求める手法が代表例であり，データの相関行列（あるいは，分散共分散行列）の固有値を求める問題に帰着する（⇒ p.140 **Note 7.3**）．

主成分分析は，データ間の相関性を評価する手法であり，決定される変数間の軸（主成分）は互いに直交し，寄与度が大きい因子が優先される．一方，第 5 章で示した独立成分分析は，観測変数を線形結合で表現する考え方は共通しているが，得られる変数間の関係性は必ずしも直交せず，小さな成分でも他成分と独立性が高ければそれを抽出する点で異なる．

複数のデータ群に対する主成分分析の適用例を図 **7.14** に示す．ここでは，平均値と最大値の二つの変数を第 1 主成分と第 2 主成分として算出しており，これらの相関性がデータの特徴を把握する際に有効な指標となっていることがわかる．この図において，各主成分と標本データの距離 $d$ が大きいほど，各データの情報損失量が多いと解釈できる．

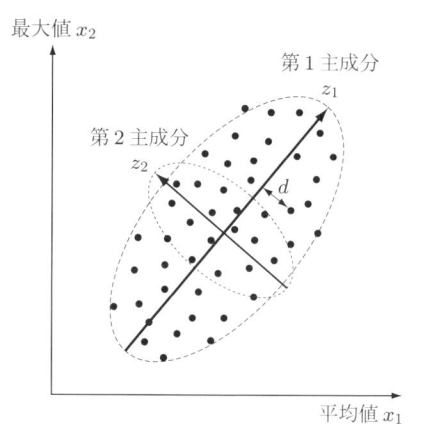

図 7.14 平均値と最大値の関係例

> **Note** 7.3 主成分分析における分散の最大化

$$\boldsymbol{X} = (x_1, x_2, \cdots, x_p), \quad \boldsymbol{a}_j = (a_{j1}, a_{j2}, \cdots, a_{jp})^T,$$
$$\boldsymbol{A} = \{\boldsymbol{a}_j\} = (\boldsymbol{a}_1, \boldsymbol{a}_2, \cdots, \boldsymbol{a}_m)$$

とおくと，式 (7.12) は次式のように整理される．

$$z_j = \boldsymbol{X}\boldsymbol{a}_j \tag{n.7.5}$$

$$\boldsymbol{Z} = \boldsymbol{X}\boldsymbol{A} \quad (\text{ただし},\ \boldsymbol{Z} = (z_1, z_2, \cdots, z_m)) \tag{n.7.6}$$

ここで，ベクトル列 $\boldsymbol{X}$ の相関行列を

$$\boldsymbol{R}_x = \boldsymbol{X}^T \boldsymbol{X} \tag{n.7.7}$$

と定義すると，ベクトル列 $\boldsymbol{Z}$ の相関行列は

$$\boldsymbol{R}_z = \boldsymbol{Z}^T \boldsymbol{Z} = \boldsymbol{A}^T \boldsymbol{X}^T \boldsymbol{X} \boldsymbol{A} = \boldsymbol{A}^T \boldsymbol{R}_x \boldsymbol{A} \tag{n.7.8}$$

と関係づけられる．

主成分分析は，統合指標 $z$ をもっとも大きくする係数ベクトル $\boldsymbol{a}_j$ を探すことが目的であり，一定の条件の下で最適化処理を実行すると，

$$\boldsymbol{R}_x \boldsymbol{a} = \lambda \boldsymbol{a} \tag{n.7.9}$$

が得られる．これは，相関行列 $\boldsymbol{R}_x$ の固有値問題に対応していることを意味する．
すなわち，統合指標 $z$ を最大化する条件において，係数ベクトル $\boldsymbol{a}_j$ は相関行列 $\boldsymbol{R}_x$ の固有ベクトルとして与えられる．

### 7.4.2 重回帰分析

重回帰分析とは，目的変数と説明変数の間の関係式を統計的手法によって推計するデータ分析法である（このとき，説明変数が一つの場合は，単回帰分析とよばれ，説明変数が複数の場合は，重回帰分析に相当する）．目的変数と説明変数は，ある事象が起きた際の結果と原因に対応し，説明変数が目的変数に及ぼす影響度や，説明変数の重要性の格付けを評価することが可能となる．

いま，目的変数を $y$，説明変数を $x_i\ (i = 1, 2, \cdots, m)$ とすると，以下の重回帰式を設定し，変数間の係数を導出する方法により，結果と原因の関係性を分析するのが重回帰分析（あるいは，単回帰分析）である．

$$y = a_1 x_1 + a_2 x_2 + a_3 x_3 + \cdots + a_m x_m + \varepsilon \tag{7.13}$$

ここで，$\varepsilon$ は誤差項であり，目的変数が複数存在する場合は，各目的変数ごとに上記の式を設定する．なお，重回帰分析では，重回帰式による予測値と実際の観測値との相関係数として定義される重相関係数 $R$ が重要な情報を与える（$R^2$ は決定係数とよばれる）．重相関係数 $R$ は，絶対値が 1 に近いほど，回帰式が実際の観測値を反映していることを意味し，目的変数と説明変数の関係性を評価するうえで有効な指標となる．

たとえば，**表7.2** に示すような静電気放電に関する事例について，目的変数を静電気放電時に発生する電磁波強度，説明変数を "放電電圧"，"相対湿度"，"観測距離" として，関係性を図示すると，**図7.15** のようになる．この例では，静電気放電時に発

表 7.2　静電気放電時の放射電磁波に関する条件

| 条件 | 放射強度（規格値） | 放電電圧 [kV] | 相対湿度 [%] | 距離 [m] |
|---|---|---|---|---|
| A | 1.00 | 1 | 35 | 1.0 |
| B | 0.51 | 1 | 75 | 0.7 |
| ... | ... | ... | ... | ... |
| N | 10.11 | 15 | 50 | 1.3 |

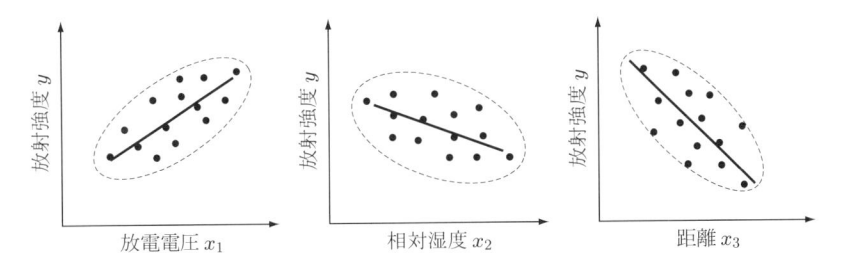

図 7.15　放射電磁波強度を目的変数とした場合の説明変数との関係例

生する電磁波強度とその他の説明変数(放電電圧,相対湿度,観測距離)の相関性が視覚化されており,それぞれの関係において,回帰直線が描かれている.重回帰分析・単回帰分析においては,相関性の低い説明変数を除外することになるが,採用した説明変数の影響度を相関係数などを用いて検定する必要がある.

### 7.4.3 判別分析

複数のグループ(群)に所属する標本データが存在する条件の下で,まだ分類されていない新しいサンプルデータが与えられた際に,それがどのグループに属するかを推定する手法を判別分析(discriminant analysis)という.所属するグループの判別を実施する際には,判別関数やデータ間の類似度に相当する距離などが用いられる.グループに関する情報は,重回帰分析・単回帰分析の場合の目的変数に対応する.ただし,重回帰分析・単回帰分析の場合の目的変数は,数値情報であるのに対して,判別分析の場合は,質的な情報となる.

**(1) 判別関数を用いる場合の判定フロー**

① 判別関数の選択:
異なるグループの境界を与える判別関数を選択(線形直線例:$z = ax_1 + bx_2 + c$)
② 境界線の決定:
選択した判別関数に標本データを代入し,グループ間の変動の度合い(分散など)とグループ内の変動の度合い(分散など)の比(あるいは,グループ間の分散と全標本データの分散の比)が最大になるように判別関数の係数を決定する.
③ 未知データのグループ判定:
決定した判別関数に対して,分類されていないサンプルデータを代入して,$z$ が正か負であるかをチェックしてグループ分けを実施する.

**(2) データ間の距離を用いる場合の判定フロー**

① データ間距離の設定:
異なるグループの境界を判定するための距離を選択する.このとき,判別分析においては,確率的な分布を考慮したマハラノビス距離が多く採用され,グループ間の非線形の境界線を設定することができる.ここで,あるグループ $G_i$ とサンプルデータ $x$ のマハラノビス距離は,次式で定義できる.

$$D_i = \frac{|x - G_i \text{の平均値}|}{G_i \text{の標準偏差}} \tag{7.14}$$

このとき，各グループ内のデータは，距離が近い範囲に分布すると仮定し，異なるグループから等しい距離（境界領域）にある曲線が，グループの境界線として決定できる．また，異なるグループのマハラノビス距離の二乗差などを用いて判別関数を定義することも可能である．

② 未知データのグループ判定：

分類されていないサンプルデータと各グループの中心との距離を算出し，より小さい値のグループ（各グループの境界線領域内に存在する）に所属すると判定する．

たとえば，表7.3のように，ある植物の生育に際して，光の平均照射強度と照射時間の二つを説明変数とし，一定の生育レベルに達したかどうかの分布状況を図示すると，図7.16のようになる．この例では，判別関数として線形直線を利用しており，判別関数へ説明変数を代入した際の結果（判別得点）の正負をチェックすることで境界条件が判断できる．なお，判別得点の結果はつねに正しいという保証はなく，正しく判別されたデータ数を全データ数で割ることにより，正答率を定義し，判別関数の妥当性を評価することになる．

表 7.3 ある植物の生育結果と光環境の関係例

| 植物 | 生育結果 | 平均照射強度 [ルクス] | 照射時間 [h/日] |
|---|---|---|---|
| A | 正常発育 | 50000 | 12 |
| B | 生育不良 | 2500 | 5 |
| C | 正常発育 | 45000 | 10 |
| … | … | … | … |

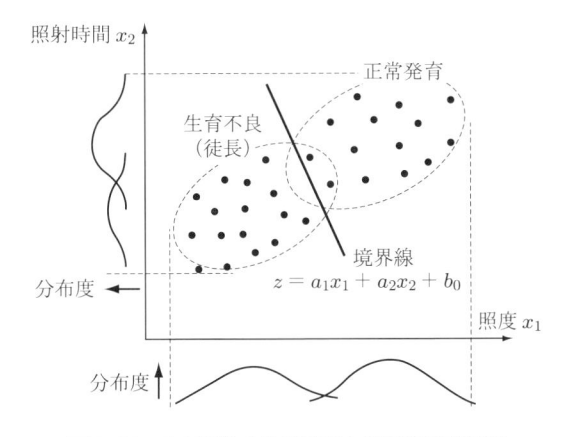

図 7.16 ある植物の生育結果と光環境の関係例

## 演習問題

**7.1** 複数の変数をもつ多次元データの具体事例とその特徴量の抽出例を提示せよ．

**7.2** ある二つの科目に関する生徒の成績が**問表 7.1** に整理されている．このとき，ユークリッド距離に基づく生徒間の類似度を整理せよ．

問表 7.1

| 生　徒 | 科目 A | 科目 B |
|---|---|---|
| 1 | 4 | 2 |
| 2 | 1 | 5 |
| 3 | 5 | 4 |
| 4 | 5 | 5 |

**7.3** 演習問題 7.2 で得られた結果に基づいて，もっとも類似した 2 名の生徒間を一つのデータとみなして結合させた場合の，他生徒との距離を改めて整理せよ．ただし，もっとも類似した 2 名の生徒間を結合する処理において，群間平均法を採用するものとする．

**7.4** ニューラルネットワークについて，学習法と構造から見た手法を比較整理するとともに，各手法について，応用分野例を提示せよ．

**7.5** 多変量解析では，ある事象の結果としてみなすことができる目的変数の有無，さらには，目的変数が数値（量的変数，質的変数）かどうかにより，複数のタイプに分類することができる．この観点より，多変量解析の分類例と適用目的（分析内容）を整理せよ．

# A 付　録

## A.1　三角関数

### A.1.1　基本式

正弦　$\sin\theta = \dfrac{a}{c}$

余弦　$\cos\theta = \dfrac{b}{c}$

正接　$\tan\theta = \dfrac{\sin\theta}{\cos\theta} = \dfrac{a}{b}$

$\cos^2\theta + \sin^2\theta = 1$

$\sin(-\theta) = -\sin\theta, \quad \cos(-\theta) = \cos\theta, \quad \tan(-\theta) = -\tan\theta$

### A.1.2　加法定理

$\sin(\alpha + \beta) = \sin\alpha\cos\beta + \cos\alpha\sin\beta$

$\sin(\alpha - \beta) = \sin\alpha\cos\beta - \cos\alpha\sin\beta$

$\cos(\alpha + \beta) = \cos\alpha\cos\beta - \sin\alpha\sin\beta$

$\cos(\alpha - \beta) = \cos\alpha\cos\beta + \sin\alpha\sin\beta$

### A.1.3　倍角・半角の公式

$\sin 2\theta = 2\sin\theta\cos\theta$

$\cos 2\theta = \cos^2\theta - \sin^2\theta$

$\sin^2\dfrac{\theta}{2} = \dfrac{1}{2}(1 - \cos\theta)$

$\cos^2\dfrac{\theta}{2} = \dfrac{1}{2}(1 + \cos\theta)$

### A.1.4　積和の公式

$\sin\alpha\sin\beta = \dfrac{1}{2}\{\cos(\alpha - \beta) - \cos(\alpha + \beta)\}$

$\sin\alpha\cos\beta = \dfrac{1}{2}\{\sin(\alpha + \beta) + \sin(\alpha - \beta)\}$

$$\cos\alpha\sin\beta = \frac{1}{2}\{\sin(\alpha+\beta) - \sin(\alpha-\beta)\}$$

$$\cos\alpha\cos\beta = \frac{1}{2}\{\cos(\alpha-\beta) + \cos(\alpha+\beta)\}$$

### A.1.5 微　分

$$(\sin t)' = \cos t$$

$$(\cos t)' = -\sin t$$

$$(e^{\alpha t})' = \alpha e^{\alpha t}$$

## A.2　複素数

### A.2.1　複素数の表現

虚数単位を $j = \sqrt{-1}$, $x =$ 実部, $y =$ 虚部 とおくと，虚数 $z$ は次式で表現される．

直交座標： $z = x + jy$

極座標： $z = |z|e^{j\psi}$

ただし, $|z| = \sqrt{(\mathrm{Re}[z])^2 + (\mathrm{Im}[z])^2}$

$$\angle z = \psi = \arg[z] = \tan^{-1}\left(\frac{\mathrm{Im}[z]}{\mathrm{Re}[z]}\right)$$

### A.2.2　複素共役

直交座標： $z = x + jy \quad \Rightarrow \quad z^* = x - jy$

極座標： $z = |z|e^{j\psi} \quad \Rightarrow \quad z^* = |z|e^{-j\psi}$

このとき, $|z|^2 = zz^* = (x+jy)(x-jy) = x^2 + y^2$

### A.2.3　オイラーの公式

$$e^{j\psi} = \cos\psi + j\sin\psi$$

$$\cos\psi = \frac{1}{2}\left(e^{j\psi} + e^{-j\psi}\right), \quad \sin\psi = \frac{1}{2j}\left(e^{j\psi} - e^{-j\psi}\right)$$

## A.3　情報量の扱い

### A.3.1　情報量とエントロピー

情報理論において，生起確率 $P(a)$ で与えられる事象 $a$ の情報量（自己情報量）は，次式で定義される．

$$I(a) = \log\left\{\frac{1}{P(a)}\right\} = -\log P(a)$$

ここで，$n$ 個の事象（要素）からなる確率変数 $\boldsymbol{X} = \{x_1, x_2, \cdots, x_n\}$ の各要素の生起確率が $P(x_1), P(x_2), \cdots, P(x_n)$ と与えられるとき，情報量の期待値に対応する次式は，平均情報量，あるいは，エントロピーとよばれる．

$$H(\boldsymbol{X}) = \sum_{i=1}^{n} P(x_i) I(x_i) = -\sum_{i=1}^{n} P(x_i) \log P(x_i) \quad \left(\text{ただし，} \sum_{i=1}^{n} P(x_i) = 1\right)$$

また，連続的な確率変数 $\boldsymbol{x}$ に対するエントロピーは，次式により定義される．

$$H(\boldsymbol{x}) = \int P(\boldsymbol{x}) \log P(\boldsymbol{x}) d\boldsymbol{x}$$

### A.3.2 相互情報量

$n$ 個と $m$ 個の要素からなる二つの確率変数 $\boldsymbol{X} = \{x_1, x_2, \cdots, x_n\}$, $\boldsymbol{Y} = \{y_1, y_2, \cdots, y_m\}$ に関して，すべての要素の組み合わせ $(x_i, y_j)$ $(i = 1, 2, \cdots, n,\ j = 1, 2, \cdots, m)$ の生起確率を $P(x_i, y_j)$ とおくとき，次式は，結合エントロピーとよばれる．

$$H(\boldsymbol{X}, \boldsymbol{Y}) = -\sum_{i=1}^{n} \sum_{j=1}^{m} P(x_i, y_j) \log P(x_i, y_j)$$

この際，確率変数 $\boldsymbol{X}$ と $\boldsymbol{Y}$ のかかわりを示す指標として，相互情報量が次式により定義される．

$$I(\boldsymbol{X}, \boldsymbol{Y}) = H(\boldsymbol{X}) + H(\boldsymbol{Y}) - H(\boldsymbol{X}, \boldsymbol{Y})$$

確率変数 $\boldsymbol{X}$ と $\boldsymbol{Y}$ が独立時，$I(\boldsymbol{X}, \boldsymbol{Y}) = 0$

また，$x_i$ が起きたときの $y_j$ の生起確率 $P(y_j|x_i)$ は条件付確率とよばれ，条件付エントロピーが，次式により定義される．

$$H(\boldsymbol{Y}|\boldsymbol{X}) = -\sum_{i=1}^{n} P(x_i) \sum_{j=1}^{m} P(y_j|x_i) \log P(y_j|x_i)$$

ここで，$P(x_i, y_j) = P(x_i) P(y_j|x_i) = P(y_j) P(x_i|y_j)$ の関係より，次式が成立する．

$$H(\boldsymbol{X}, \boldsymbol{Y}) = -\sum_{i=1}^{n} \sum_{j=1}^{m} P(x_i, y_j) \log\{P(x_i) P(y_j|x_i)\}$$

$$= -\sum_{i=1}^{n} \sum_{j=1}^{m} P(x_i, y_j) \{\log P(x_i) + \log P(y_j|x_i)\}$$

$$= H(\boldsymbol{X}) + H(\boldsymbol{Y}|\boldsymbol{X}) = H(\boldsymbol{Y}) + H(\boldsymbol{X}|\boldsymbol{Y})$$

$$I(\boldsymbol{X}, \boldsymbol{Y}) = H(\boldsymbol{X}) - H(\boldsymbol{X}|\boldsymbol{Y}) = H(\boldsymbol{Y}) - H(\boldsymbol{Y}|\boldsymbol{X})$$

# 演習問題解答

## 第1章

**1.1** 周期的信号の例：送電線や無線機器からの誘導電磁ノイズ，健常者の脈波，振動音響信号など．非周期的信号の例：蛍光灯など電子機器のスイッチングノイズ，雷放電や静電気放電に伴う電流や電磁波，太陽雑音，動物の鳴き声や人の発声音（とくに無声音）など．

**1.2** 元のアナログ信号の最高周波数は $30\,\mathrm{kHz}$ であり，標本化定理より，$30\,\mathrm{kHz} \times 2 = 60\,\mathrm{kHz}$ 以上のサンプリング周波数で標本化すればよい．

　　ただし，日常環境における実際の観測信号に対しては，通常，余裕をみて，2倍以上のサンプリング周波数で標本化するのが一般的である．

**1.3** 標本平均 $= \mu$，標準偏差 $= \sigma/\sqrt{n}$

**1.4** 式 (1.5) より，次のようになる．

$$\mathrm{var}(x) = \frac{1}{N}\sum_{i=1}^{N}\{x(i)-\overline{x}\}^2 = \frac{1}{N}\sum_{i=1}^{N}\{x(i)^2 - 2x(i)\overline{x} + \overline{x}^2\}$$

$$= \frac{1}{N}\left\{\sum_{i=1}^{N}x(i)^2 - 2x(i)\sum_{i=1}^{N}\overline{x} + \sum_{i=1}^{N}\overline{x}^2\right\} = \frac{1}{N}\left\{\sum_{i=1}^{N}x(i)^2\right\} - \overline{x}^2$$

**1.5** 題意より，確率密度関数を，

$$p(x) = \begin{cases} \alpha & (a \leqq x \leqq b) \\ 0 & (その他区間) \end{cases}$$

とおく．これを積分して，

$$\int_{-\infty}^{\infty} p(x)dx = \int_{a}^{b} \alpha dx = \alpha(b-a) = 1 \quad \therefore \alpha = \frac{1}{b-a}$$

となる．

**1.6** 式 (1.15a) より，次のようになる．

$$R_{xy}(k) = \lim_{T\to\infty}\frac{1}{T}\int_{-T/2}^{T/2} x(t)y(t+k)dt$$

$$= \lim_{T\to\infty}\frac{1}{T}\int_{-T/2+k}^{T/2+k} x(t'-k)y(t')dt' = R_{yx}(-k)$$

**1.7** 式 (1.18)〜(1.20) により，次式のようにフーリエ係数が導出される．

$$a_0 = \frac{1}{2\pi}\int_0^{2\pi} g(\theta)d\theta = \frac{1}{2\pi}\int_0^{\pi} A d\theta = \frac{A}{2}$$

$$a_n = \frac{1}{\pi}\int_0^{2\pi} g(\theta)\cos n\theta d\theta = \frac{1}{\pi}\int_0^{\pi} A\cos n\theta d\theta = \frac{1}{\pi}\left[\frac{1}{n}\sin n\theta\right]_0^{\pi} = 0$$

$$b_n = \frac{1}{\pi}\int_0^{2\pi} g(\theta)\sin n\theta d\theta = \frac{1}{\pi}\int_0^{\pi} A\sin n\theta d\theta = \frac{A}{n\pi}(1-\cos n\pi)$$

**1.8** $f(t)$ が実数となる場合，フーリエ係数 $a_n, b_n$ はすべて実数となる．

$$c_n = \frac{a_n - jb_n}{2}$$

であるから，絶対と偏角は次式で表現される．

$$\text{絶対値}\ |c_n| = \frac{\sqrt{a_n{}^2 + b_n{}^2}}{2}, \quad \text{偏角}\ \theta_n = \tan^{-1}\left(-\frac{b_n}{a_n}\right)$$

**1.9** 式 (1.27)〜(1.29) より，次式で表現される．

$$\text{AR モデル}: (1 + a_1 z^{-1} + a_2 z^{-2} + a_3 z^{-3} + \cdots + a_p z^{-p})x(n) = e(n)$$
$$\text{MA モデル}: x(n) = (b_0 z + b_1 z^{-1} + b_2 z^{-2} + \cdots + b_q z^{-q})u(n) + \mu$$
$$\text{ARMA モデル}: (1 + a_1 z^{-1} + a_2 z^{-2} + a_3 z^{-3} + \cdots + a_p z^{-p})x(n)$$
$$= (b_0 z + b_1 z^{-1} + b_2 z^{-2} + \cdots + b_q z^{-q})e(n) + \mu$$

## 第 2 章

**2.1** 解表 2.1 のようにまとめられる．

解表 2.1

| フーリエ級数展開 | フーリエ変換 |
| --- | --- |
| ・任意の周期関数を三角関数（cos, sin）を用いて展開する手法（なお，指数関数 $\exp(jk)$ を用いて展開する手法は，複素フーリエ級数展開）．ここで，フーリエ係数は，元の周期関数に含まれる三角関数の割合，あるいは，元の関数に含まれる振動の度合いを表す． | ・フーリエ変換は，任意関数を，三角関数 $\exp(jk)$（$k$：変数）の積分として展開する手法であり，得られる関数は，元の関数に含まれる振動の度合い（周波数）を表す．<br>・フーリエ級数展開において，周期関数の周期を無限大に近づけると，フーリエ係数の間隔は 0 に近づく．このとき，フーリエ係数を周波数の関数としてみなすと，フーリエ変換に対応する． |

**2.2** 次のようになる.

$$\begin{aligned}
F(\omega) &= \int_{-\infty}^{\infty} f(t)e^{-j\omega t}dt = \int_{-\infty}^{\infty} \sin t \cdot e^{-j\omega t}dt \\
&= \frac{1}{2j}\int_{-\pi}^{\pi}\{e^{j(1-\omega)t} - e^{-j(1+\omega)t}\}dt \\
&= \frac{1}{2j}\left[\frac{1}{j(1-\omega)}e^{j(1-\omega)t} - \frac{1}{-j(1+\omega)}e^{-j(1+\omega)t}\right]_{-\pi}^{\pi} \\
&= \frac{2j\sin\omega\pi}{\omega^2 - 1}
\end{aligned}$$

**2.3** フーリエ変換の推移特性 $\mathcal{F}[g(t-t_0)] = G(\omega)e^{-j\omega t_0}$ を用いると, $\mathcal{F}[f(t\pm a)] = F(\omega)e^{\pm j\omega a}$ が得られる.

これより, $g(t)$ のフーリエ変換は次式のように求められる.

$$G(\omega) = F(\omega)\left\{1 + \frac{1}{2}(e^{-ja\omega} + e^{ja\omega})\right\} = F(\omega)(1 + \cos a\omega)$$

**2.4** $W_N = \exp(j2\pi/N)$ とおくと,

$$F(k) = \sum_{n=0}^{N-1} f(n)W_N^{-kn}$$

と表現される. これより,

$$\begin{aligned}
\sum_{k=0}^{N-1}|F(k)|^2 &= \sum_{k=0}^{N-1} F(k)F^*(k) \\
&= \sum_{k=0}^{N-1}\left\{\sum_{n=0}^{N-1} f(n)W_N^{-kn}\right\}\left\{\sum_{m=0}^{N-1} f^*(m)W_N^{-km}\right\} \\
&= \sum_{n=0}^{N-1}\sum_{m=0}^{N-1} f(n)f^*(m)\sum_{k=0}^{N-1} W_N^{k(m-n)}
\end{aligned}$$

となる. また,

$$\sum_{k=0}^{N-1} W_N^{k(m-n)} = \sum_{k=0}^{N-1} \exp\left\{jk\frac{2\pi}{N}(m-n)\right\} = \begin{cases} N & (m=n) \\ 0 & (m \neq n) \end{cases}$$

であることから, 次式のようにパーセバルの定理が成立する.

$$\sum_{k=0}^{N-1}|F(k)|^2 = N\sum_{n=0}^{N-1} f(n)f^*(n) = N\sum_{n=0}^{N-1}|f(n)|^2$$

**2.5** 解表 2.2 のようにまとめられる．

解表 2.2

| フーリエ変換による周波数解析 | 線形予測法による周波数解析 |
|---|---|
| ・信号 $g(t)$ と関数 $e^{-j2\pi ft}$（$f$：周波数）の内積により，信号の周波数スペクトルを抽出する処理に対応する．<br>・信号の周波数解析に際して，信号を切り出す時間区間が適切でない場合，解析誤差を生じることがあるため，窓関数を適用するのが一般的である．<br>・もっとも代表的な周波数解析手法であり，幅広い領域の観測信号に対して適用される． | ・線形予測モデルの概念に基づく周波数スペクトルの算出法であり，線形システムの伝達関数を求めるプロセスに対応する．<br>・フーリエ変換による解析手法のように，打ち切り誤差の問題は発生せず，データ長が短い場合でも適用可能である．ただし，モデル化の際の次数の決定において制約が生じるケースもある．<br>・得られる情報は，フーリエ変換による周波数スペクトルの包絡線成分にほぼ対応し，音声認識などの領域において用いられる． |

**2.6** 誤差 $e(t)$ が，平均 0，分散 $\sigma_p^2$ と仮定すると次式が得られる．

$$E[e(n)^2] = E\left[x(n)^2 + 2\sum_{i=1}^{p} a_i x(n)x(n-i) + \left\{\sum_{i=1}^{p} a_i x(n-i)\right\}\left\{\sum_{k=1}^{p} a_k x(n-k)\right\}\right]$$

$$= R_{xx}(0) + 2\sum_{i=1}^{p} a_i R_{xx}(i) + \sum_{i=1}^{p}\sum_{k=1}^{p} a_i a_k R_{xx}(i-k)$$

$$= R_{xx}(0) + \sum_{i=1}^{p} a_i R_{xx}(i) = \sigma_p^2 \quad (\because \text{式 (n.1.23)}) \tag{n.2.8}$$

## 第 3 章

**3.1** 式 (3.2) より，次のようになる．

$$S_{xy}(f) = X^*(f)Y(f) = |X(f)|\exp(-j\theta_x)|Y(f)|\exp(j\theta_y)$$
$$= |X(f)||Y(f)|\exp\{j(\theta_y - \theta_x)\}$$

すなわち，クロススペクトルは，各実関数の偏角差により原点の周りを回転していることを意味する．

**3.2** 式 (3.1) および演習問題 1.7 で示した $R_{xy}(k) = R_{yx}(-k)$ より，

$$S_{xy}(f) = \int_{-\infty}^{\infty} R_{xy}(k)e^{-j2\pi fk}dk = \int_{-\infty}^{\infty} R_{yx}(-k)e^{-j2\pi fk}dk = S_{yx}(-f)$$

と整理できる．

**3.3** 解表 3.1 のようにまとめられる．

|短時間フーリエ変換|ウェーブレット変換|
|---|---|
|● 時間区間を狭くする設定（＝時間領域で処理する信号のサンプル数の減少）は，周波数分解能の低下につながる．また，周波数分解能を改善するために，窓関数の時間区間を広げると，信号の時間変動特性を詳細に把握することができないという問題が生じる．<br>● 時間分解能と周波数分解能は，一方が高くなると他方は低下し，これは「不確定性の原理」とよばれる．|● 時間領域上で信号を切り出す際の大きさ（時間区間）が可変であり，信号の緩やかな変動成分（低周波成分）に対しては長い解析区間，また速い変動成分（高周波成分）に対しては短い解析区間を処理することができる．<br>● このため，短時間フーリエ変換に比較して，時間および周波数分解能に柔軟性がある．|

解表 3.1

3.4 解図 3.1 のようになる．

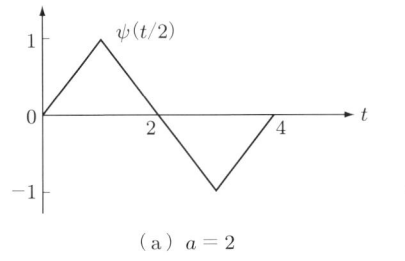

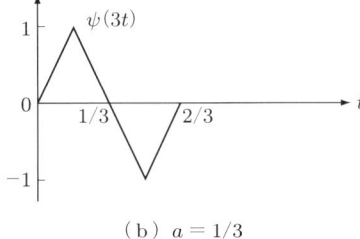

(a) $a=2$　　(b) $a=1/3$

解図 3.1

# 第 4 章

4.1 周期信号については，同じ周期区間を繰り返し反復して平均しても振幅値は変わらない．一方，信号に含まれる雑音は，式 (1.5) より，$M$ 回の加算平均の分散は $1/M$ となる．雑音については，通常，分散の平方根で振幅を定義し，$M$ 回の加算平均により，雑音成分の振幅は $1/\sqrt{M}$ となる．したがって，振幅比で見たとき，$M$ 回の加算平均により，SN 比は $-20\log_{10}\sqrt{M}$ [dB] 改善する．

4.2　2 点の場合：$\{0.75, 1.45, 1.15, 1.25, 2.40, 3.15, 3.10\}$

3 点の場合：$\{0.97, 1.13, 1.43, 1.77, 2.77, 3.00\}$

4 点の場合：$\{0.85, 1.35, 1.78, 2.20, 2.75\}$

4.3 定義式 (4.8) に基づいて $k=0$ を代入して，

$$2^{-j/2}\phi(2^{-j}t) = \sum_n p_n 2^{-j/2+1/2}\phi(2^{-j+1}t - n)$$

となる．ここで，右辺に $j=1, n=0, 1$ の条件を適用すると，

$$右辺 = \sum_n p_n \phi(t-n) = p_0 \phi(t) + p_1 \phi(t-1)$$

となる．したがって，$j=1$ のケースにおいて，$\phi_{1,0}(t) = p_0 \phi_{0,0}(t) + p_1 \phi_{0,1}(t)$ が成立する．

なお，ウェーブレット関数の一つであるハール関数のスケーリング関数を例にとると，$p_0 = p_1 = 2^{-1/2}$ が成立し，

$$\phi_{1,0}(t) = 2^{-1/2}\{\phi_{0,0}(t) + \phi_{0,1}(t)\}$$

の関係が得られる（**解図 4.1**）．

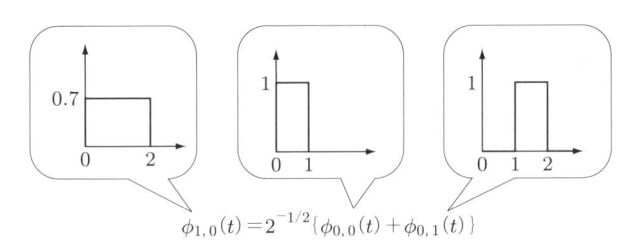

**解図 4.1** ハールのスケーリング関数に関するツーケール関係

4.4
$$\boldsymbol{X}\boldsymbol{X}^T = \begin{pmatrix} 4 & 2 \\ 1 & 0 \end{pmatrix} = \begin{pmatrix} 1 & 0 \\ 0 & 1 \end{pmatrix} \begin{pmatrix} 4 & 0 \\ 0 & 1 \end{pmatrix} \begin{pmatrix} 1 & 0 \\ 0 & 1 \end{pmatrix}$$
$$\equiv \boldsymbol{U}\boldsymbol{W}\boldsymbol{W}^T\boldsymbol{U}^T$$

よって，

$$\boldsymbol{W} = \begin{pmatrix} 2 & 0 \\ 0 & 1 \end{pmatrix}$$

となる．これより，特異値は，$\{2,1\}$ となる．また，

$$\boldsymbol{X}^T\boldsymbol{X} = \begin{pmatrix} 1 & 0 \\ 0 & 4 \end{pmatrix} \equiv \boldsymbol{V}\boldsymbol{W}^T\boldsymbol{W}\boldsymbol{V}^T$$

より，次のようになる．

$$\boldsymbol{V} = \begin{pmatrix} 0 & 1 \\ 1 & 0 \end{pmatrix}$$

以上より，次のようになる．

$$\boldsymbol{X} = \begin{pmatrix} 1 & 0 \\ 0 & 1 \end{pmatrix} \begin{pmatrix} 2 & 0 \\ 0 & 1 \end{pmatrix} \begin{pmatrix} 0 & 1 \\ 1 & 0 \end{pmatrix}$$

## 第5章

**5.1** 複数の人が会話する環境での音声分離や，複数位置で生体信号（脳波，脳磁図，心磁図など）を計測する際の信号分離やノイズ除去，混信した無線信号の分離やノイズ除去，無線通信系における多重アクセス管理やフェージング対策，金融市場などの同じ期間における複数の時系列データの関係性の評価など．

**5.2** 適用前提：
- 観測信号の数が元信号の数に不足する場合は，元信号の分離推定処理は複雑になるか，あるいは，分離処理自体が実行できない．
- 元の信号が非線形的に混在して観測されるようなケースでは，推定の推定精度には限界がある．非線形モデルへ拡張した手法なども提案されているが，個々の問題設定に応じて適用限界を精査する必要がある．
- 元信号が仮に完全にランダムな雑音であるような場合には信号分離できない．また，雑音（とくに観測信号と相関性が高いケース）が重畳したようなケースでは推定精度は低下する．
- 非定常信号に対しては，推定精度が低下する可能性があり，トレンド成分を事前に除去するなどして，定常信号へ近づける前処理を施すことが望ましい．

推定処理：
- 得られる推定信号のパワーや順序性は保証されない．
- 観測する信号源の数，あるいは観測する信号ポイント数が増加すると，処理効率が低下する．

## 第6章

**6.1** 時間間隔を $\Delta t$ として，式 (6.4) を差分表現すると，

$$\Delta x = x(t + \Delta t) - x(t) = \Delta t(ax(t) - bx(t)^2)$$

となる．これより，

$$x(t + \Delta t) = (1 + a\Delta t)x(t) - b\Delta t x(t)^2$$

となる．$x_0 = x(0)$, $x_n = x(n\Delta t)$ とおき，変数名を変更すると，

$$x_{n+1} = a' x_n - b' x_n^2$$

となり，さらに，$y_n = (a'/b')x_n$ とおくと，式 (6.6) に対応する離散表現が得られる．

**6.2** 与えられた解の初期値 $x_0$ を微小量 $\varepsilon$ だけずらして，$x_0 + \varepsilon$ にしたと仮定する．このとき，$x_n$ は元の値 $2^n x_0$ より $2^n \varepsilon = \varepsilon \exp(n \log 2)$ だけ変化する．

すなわち，最初近接していた2点 $x_0$ と $x_0 + \varepsilon$ 間の距離 $\varepsilon$ は，指数関数の形で増大していくことを意味し，離れていく度合い $\log 2$ はリアプノフ指数に対応している．

**6.3** 解図 6.1 に示すように，まず，ある長さ $L$ のサイズの正方形に着目して，$3L$ のサイズ

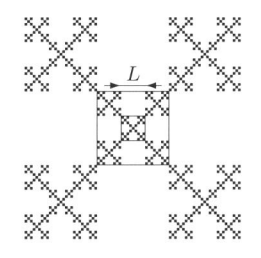

解図 6.1

の正方形内のサイズ $L$ の正方形の数を測ると五つ存在する．

こうした規則性があるパターンについて，フラクタル次元は，$D = \log 5 / \log 3 = 1.46$ となる．

6.4 変数の広がりの度合いが，時間の平方根に比例することから，次式で表現できる．

$$|x(n+\tau) - x(n)| \sim \tau^{1/2}$$

式 (6.19) の定義より，$H = 0.5$ となる．

なお，長期記憶効果をもち，自己アフィン的な曲線となる過程は，非整数ブラウン運動とよばれる．この際，非整数ブラウン運動は式 (6.19) を満たし，$H = 0.5$ が標準ブラウン運動に対応する．

## 第 7 章

7.1 解表 7.1 のようなものが挙げられる．

解表 7.1

| 多次元データの例 | 特徴量の例 |
|---|---|
| 電磁ノイズ | 例 1：平均値，ピーク値，分散，二乗積分エネルギー，継続時間など |
| | 例 2：周波数帯域別の信号成分比など |
| 通信トラヒック | 平均値，ピーク値，分散，ハースト指数など |
| 医療患者カルテ | 病名，性別，年齢，体重，身長，血圧，血糖値など |

7.2 解表 7.2 のようになる．

解表 7.2

| 生　徒 | 1 | 2 | 3 |
|---|---|---|---|
| 1 | — | — | — |
| 2 | 4.24 | — | — |
| 3 | 2.24 | 4.12 | — |
| 4 | 3.16 | 4.00 | 1.00 |

7.3 解表 7.2 について，生徒 3 と生徒 4 の距離が 1 であり，類似度はもっとも高くなっている．このとき，生徒 3 と生徒 4 を一つのデータとして扱う際（＝一つのデータに結合する際），群間平均法を用いると，

$$((5+5) \div 2, (4+5) \div 2) = (5.0, 4.5)$$

と定義できる．

これにより，生徒 3 と生徒 4 を結合した条件時の距離は**解表 7.3** のように計算される．

こうした結合を反復して距離を計算していく操作が，クラスター分析（凝集型）の基本となる．

解表 7.3

| 生　徒 | 1 | 2 |
|---|---|---|
| 1 | — | — |
| 2 | 4.24 | — |
| (3, 4) | 2.69 | 0.50 |

7.4 7.3.2 項を参照．

7.5 解表 7.4 のようになる．

解表 7.4

| 目的変数 | 数値・非数値 | 手　法 | 適用目的 |
|---|---|---|---|
| あり | 数値 | 単回帰分析<br>重回帰分析 | 原因と結果と関係性の把握<br>目的変数の推定 |
| | 非数値 | 判別分析 | 標本データの分類・推定 |
| なし | | 主成分分析<br>因子分析 | 多変量の統合整理<br>変量の分類や代表する変数の把握 |

# 参考文献

**1 章**

[1] 日野幹雄：" スペクトル解析 "，朝倉書店 (1977)
[2] 江原義郎：" ユーザーズ ディジタル信号処理 "，東京電機大学出版局 (1991)
[3] 赤尾保男：" 環境電磁工学の基礎 "，電子情報通信学会 (1991)
[4] 伊藤正義，伊藤公紀：" わかりやすい数理統計の基礎 "，森北出版 (2002)
[5] 小畑秀文，浜田　望，田村安孝：" 信号処理入門 "，コロナ社 (2007)
[6] 和田成夫：" よくわかる信号処理 "，森北出版 (2009)
[7] 馬杉正男，秋山佳春，村川一雄：" 時間領域における信号計測技術 "，電子情報通信学会・通信ソサイエティマガジン誌, no.12, pp.42–53 (2010)

**2–3 章**

[1] 日野幹雄：" スペクトル解析 "，朝倉書店 (1977)
[2] 有本　卓：" 信号・画像のディジタル処理 "，産業図書 (1980)
[3] 江原義郎：" ユーザーズ ディジタル信号処理 "，東京電機大学出版局 (1991)
[4] 芦野隆一，山本鎮男：" ウェーブレット解析 "，共立出版 (1997)
[5] 中野宏毅，山本鎮男，吉田靖夫：" ウェーブレットによる信号処理と画像処理 "，共立出版 (1999)
[6] 池原雅章，島村徹也：" MATLAB マルチメディア信号処理（上）"，培風館 (2004)
[7] 小畑秀文，浜田　望，田村安孝：" 信号処理入門 "，コロナ社 (2007)
[8] 和田成夫：" よくわかる信号処理 "，森北出版 (2009)

**4–5 章**

[1] 南　茂夫：" 科学計測のための波形データ処理 "，CQ 出版社 (1986)
[2] 江原義郎：" ユーザーズ ディジタル信号処理 "，東京電機大学出版局 (1991)
[3] J.B. Elsner, A.A. Tsonis, "Singular spectrum analysis", Plenum pub. corp. (1996)
[4] 芦野隆一，山本鎮男：" ウェーブレット解析 "，共立出版 (1997)
[5] 中野宏毅，山本鎮男，吉田靖夫：" ウェーブレットによる信号処理と画像処理 "，共立出版 (1999)
[6] N. Golyandina, V. Nekrutkin, A. Zhigljavsky: "Analysis of time series structure", Chapman and Hall/CRC (2001)
[7] 甘利俊一，村田　昇：" 臨時別冊・数理科学　独立成分分析 "，サイエンス社 (2002)
[8] A. Hyvarinen, J. Karhunen, & E. Oja（根本幾，川勝真喜訳）：" 詳解 独立成分分析 "，東京電機大学出版局 (2004)

[9] 藤澤洋徳：“確率と統計”，朝倉書店 (2006)
[10] D.A. ハーヴィル，伊理正夫（監訳）：“統計のための行列代数（下）”，丸善出版 (2007)
[11] 小畑秀文，浜田　望，田村安孝：“信号処理入門”，コロナ社 (2007)
[12] 和田成夫：“よくわかる信号処理”，森北出版 (2009)

**6 章**

[1] 高安秀樹，本田勝也，佐野雅巳，田崎晴明，村山和郎，伊藤敬祐：“フラクタル科学”，朝倉書店 (1987)
[2] 下条隆嗣：“カオス力学入門”，近代科学社 (1992)
[3] C.-K. Peng, S.V. Buldrev, S. Havlin, M. Simons, H.E. Stanly, and A.L. Goldberger, "Mosaic organization of DNA nucleotides," Physical Review E, vol.49, no.2, pp.1685–1689 (1994)
[4] Y. Liu, et al, "Statistical properties of the volatility of price fluctuations," Physical Review E, vol.60, no.2, pp.1390–1400 (1999)
[5] 松葉育雄：“非線形時系列解析”，朝倉書店 (2000)
[6] 合原一幸編，池口　徹，山田泰司，小室元政：“カオス時系列解析の基礎と応用”，産業図書 (2000)
[7] 松下　貢：“フラクタルの物理（I）”，裳華房 (2002)
[8] 松下　貢：“フラクタルの物理（II）”，裳華房 (2004)

**7 章**

[1] 石村貞夫：“すぐわかる多変量解析”，東京図書 (1992)
[2] 萩原将文：“ニューロ・ファジィ・遺伝的アルゴリズム”，産業図書 (1994)
[3] 小杉幸夫：“神経回路システム”，コロナ社 (1995)
[4] 松岡清利（編著）：“ニューロコンピューティング”，朝倉出版 (1995)
[5] T. コホネン（徳高平蔵，芦田　悟，藤村喜久郎訳）：“自己組織化マップ”，シュプリンガーフェアラーク東京 (1996)
[6] 麻生英樹，安田宗樹，前田新一，岡野原大輔，岡谷貴之，久保陽太郎，ボレガラ・ダヌシカ，人工知能学会（監修），神嶌敏弘（編集）：“深層学習”，近代科学社 (2015)
[7] 坂和正敏，田中雅弘：“ニューロコンピューティング入門”，森北出版 (1997)
[8] 宮本定明：“クラスター分析入門”，森北出版 (1999)
[9] 永田　靖，棟近雅彦：“多変量解析法入門”，サイエンス社 (2001)
[10] 馬杉正男：“多様化する電磁環境における EMC ノイズ分析処理法”，電子情報通信学会・論文誌 B, vol.J96-B, no.4, pp.476–485 (2013)

# 索引

■英数先頭

1次独立　19
2次中心モーメント　10
2進分割　77
2値変数　121, 122
AD変換　3, 42
AIC　26, 48, 52
ARモデル　22, 23, 25, 119
ARCHモデル　120
ARIMAモデル　25
ARMAモデル　23, 24, 119
Blackman-Turkey法　31
BSS　91
Burgアルゴリズム　52
Burg法　48, 52
CN比　6
DFA法　118
DFT　32
DU比　6
FFT　36
FIRフィルタ　70
FPE　26, 48, 52
GARCHモデル　120
ICA　91
IDC法　116
IIRフィルタ　70
K平均法　127
KSエントロピー　111
Kullback-Leiblerダイバージェンス　95
LPCケプストラム　65
LVQ法　138
MAモデル　23
MEM法　47
$n$次モーメント　10
PCA　138

RCAモデル　119
$R/S$統計法　115
SN比　5
VTP法　115
Walsh関数　21
Walshスペクトル　21
Wolf法　111
$z$変換　39, 40, 47

■あ　行

赤池情報量基準　26, 48, 52
アトラクタ　107, 110
アナログ信号　2
アベレージング　71
アンサンブル平均　7
アンチエイリアスフィルタ　36
位相空間　103, 107
位相スペクトル　31, 32
位相のアンラッピング　67
一様分布　9
移動平均処理　73
移動平均モデル　23
インパルス信号　34
ウィグナー分布　56, 57
ウィナー-ヒンチンの定理　31
ウェーブレット関数　58, 60, 78
ウェーブレット変換　56, 58, 77
エイリアシング　4, 36
エルゴード確率過程　11
エルゴード性　11
エントロピー　47, 94, 96
オイラーの公式　19
オフライン学習型　98
オンライン学習型　98

## ■か行

階層型クラスタリング　124
階層型ニューラルネットワーク　131, 132
回転子　37
外来雑音　5
ガウス関数　87, 137
ガウス分布　7, 93
カオス　102
学習係数　134
角周波数　15
学習ベクトル量子化法　138
確定的信号　1
確率係数自己回帰モデル　119
確率密度関数　9, 94
加算平均　71
活動電位　129
擬似周波数　60
期待値　10
基　底　16, 18, 78
軌道行列　82
ギブス現象　16, 43
希望波対不要波比　6
逆フーリエ変換　29, 65
逆離散フーリエ変換　32
球面化　99
キュムラント　94, 95
競合学習　136
教師ありモデル　131
教師データ　131
教師データなし型　122
教師なしモデル　131, 135
凝集型　124
強定常過程　11
共分散　10
共分散行列　99
行列のスペクトル分解　83
局　在　60
寄与率　139
近傍関数　137
偶関数　12
矩形波窓　44
クラスター分析　122, 135
クラスタリング　122

グリア細胞　128, 129
クロススペクトル　31, 53
群間平均法　126
結合確率密度分布　10, 92
結合荷重　133, 134
結合中心モーメント　10
決定係数　141
ケプストラム解析　64
ケフレンシ　65
減衰量　69
高域通過フィルタ　68
高速フーリエ変換　36, 37, 42
高調波成分　15, 17
勾配法　90
誤差逆伝播法　133
コッホ曲線　112
コヒーレンス　54

## ■さ行

最急降下法　89, 90, 134
最終次数　51
最終予測誤差規範　26, 48, 52
最大エントロピー法　47, 52
最大値　2
最短距離法　126
最長距離法　126
最適化手法　90
最尤推定　94
雑　音　5, 68
雑音指数　5
佐野・沢田法　111
残　差　23
算術平均　6
参照ベクトル　135
サンプリング間隔　3, 34
サンプリング周波数　34, 42
時間遅れ座標系　107
時間‐周波数解析　56
時間分解能　57, 64
時間平均　7
シグモイド関数　130, 135
時系列信号　22, 82, 114
自己アフィン性　113, 114

## 索引    161

自己アフィンフラクタル    113
自己回帰移動平均モデル    24
自己回帰係数    23, 25, 50
自己回帰条件付き分散変動モデル    120
自己回帰モデル    22
自己回帰和分移動平均モデル    25
自己相関関数    11, 12, 26, 114
自己相似性    106, 112, 114
自己組織化アルゴリズム    135
自己組織化特徴マップ    135
自己組織化マップ    131, 135
次　数    23, 25, 49, 50
システム同定    22
実数変数    122
シナプス    129
シフトパラメータ    60
シフトファクタ    60
シムレット関数    61
弱定常過程    11
弱定常性    25, 117
写像関数    103
遮断周波数    69
シャノンの標本化定理    4
重回帰分析    141
周期信号    1, 14
集合平均    7, 10
重相関係数    141
周波数解析    28, 53
周波数スペクトル    28, 31, 42
周波数分解能    57, 60
樹形図構造    124
主成分分析    138
出力層    132, 135
勝者ユニット    136
初期値の依存性    103
信号対雑音比    5
信号列    2
深層学習    132
振幅スペクトル    31, 32
シンプレックス法    89, 90
推移特性    30, 40
数値変数    122
スケーリング関数    79

スケーリング係数    79
スケーリング指数    118
スケールパラメータ    60
スケールファクタ    60
スケール変換    113
ストレンジアトラクタ    107
スペクトル解析    28
スペクトルの対称性    33
スペクトル包絡    49
スペクトログラム    57
正規直交基底    19
正規直交条件    19
正規分布    7, 9, 93
説明変数    141
線形システム    48
線形性    22, 25, 30, 40
線形モデル    22
線形予測符号化    23
線形予測法    46, 47, 49
線形予測モデル    23
線スペクトル    15, 20, 28, 35
全体平均    7
尖　度    10, 93
相加平均値    6
相関関数    11
相関行列    99, 139, 140
相関係数    6, 8
相関次元    114
相互結合型モデル    132
相互情報量    95
相互相関関数    12, 13, 53, 92
相互相関係数    8
相似性    30
双線形モデル    119

■た　行

帯域阻止フィルタ    68
帯域通過フィルタ    68
対角行列    83
ターケンスの埋め込み    107
多次元データ    121, 123, 136
多重解像度解析    77, 80
畳み込み定理    30, 40

立ち上がり時間　2
多変数 AR モデル　24
多変数 ARMA モデル　24
多変量 AR モデル　24
多変量 ARMA モデル　24
多変量解析　138
単回帰分析　141
短期記憶過程　115
短時間フーリエ変換　56, 64
中央値　7
中間層　132
中心極限定理　93
中心モーメント　10
長期記憶過程　115
長期記憶効果　115, 118
直接探索法　90
直交関係　19
直交基底　19
直交行列　82, 84, 99
直交条件　19, 78
ツースケール関係　86
低域通過フィルタ　68
ディジタル信号　3
定常過程　11, 114
定常信号　2, 76
定常性　11, 23, 25, 97, 117
電圧利得　69
伝達関数　48, 70, 71
デンドログラム　124
電流利得　69
電力利得　69
同期加算処理　71
特異スペクトル解析法　81
特異値　83, 84
特異値分解　82, 84
特性関数　95
特徴変数　121
独立成分分析　91
ドベシイ関数　80
トーラス　107

■な 行

ナイキスト周波数　4, 36

ナイキストレート　4
内部雑音　5
入力層　132, 135
ニュートン法　89, 90
ニューラルネットワーク　128
ニューロン　128
ネオコグニトロン　131
ネゲントロピー　94
ノンパラメトリックモデル　22

■は 行

バイスペクトル　55
ハイパスフィルタ　68
白色化　97, 99
白色雑音　6
波形パラメータ　2
ハースト指数　115, 117
パーセバルの定理　31
パーセプトロン　131
バックプロパゲーション法　131, 133
バッチ学習型　98
ハニング窓　44
ハミング窓　44
パラメトリックモデル　22
パルス幅　2
パワースペクトル　31, 47, 48, 50, 57
パワースペクトル密度　31, 48
搬送波対雑音比　6
バンドエリミネーションフィルタ　68
バンドパスフィルタ　68
反復写像　105
判別関数　142
判別分析　142
非ガウス性　93
非確定的信号　1
ピーク値　2
ピーク・ピーク値　2
非周期信号　1
ヒストグラム　8
非線形性　25
非線形モデル　22, 119
非定常過程　11
非定常信号　2, 76, 118

標準偏差　　7
標本化処理　　3
標本化定理　　4, 36, 42
標本データ　　6
標本平均　　7
ピンク雑音　　6
フィルタ　　68, 70
不確定性の原理　　57
不規則信号　　1
複雑系　　102
複素ケプストラム　　66
複素フーリエ級数展開　　19
複素フーリエ係数　　20, 29
符号化　　3
不動点　　107
ブラインド信号分離　　91
ブラウン運動　　117
ブラウン雑音　　6
フラクタル　　102, 112
フラクタル次元　　112, 113
ブラックマン窓　　44
フーリエ解析　　14
フーリエ逆変換　　29
フーリエ級数展開　　14
フーリエ係数　　15, 17
フーリエ変換　　14, 28, 41, 56
不連続点　　43, 49
分岐型　　124, 125
分岐図　　105
分　散　　7, 139, 140
分散共分散行列　　99, 139
平滑化処理　　73
平均値　　6, 10
平衡点　　107
偏　角　　66
方形窓　　44
母集団　　7
ホップフィールドネットワーク　　132
ボルツマンマシン　　132
ホワイトノイズ　　6

■ま 行

マザーウェーブレット　　60

窓関数　　43, 56
マハラノビス距離　　123, 142
ミンコフスキー距離　　123
無限インパルス応答フィルタ　　70
無相関性　　92
メイエ関数　　61
名義変数　　121, 122
メキシカンハット関数　　61
目的変数　　141
モルレー関数　　61

■や 行

焼きなまし　　135
有限インパルス応答フィルタ　　70
有色雑音　　6
尤度関数　　94, 96
ユークリッド距離　　123
ユール‐ウォーカー法　　23, 48, 51
ユール‐ウォーカー方程式　　26

■ら 行

リアプノフ指数　　109, 110
リアプノフスペクトル　　111
リカレンスプロット　　108
力学系　　103
離散ウェーブレット関数　　78, 80
離散ウェーブレット変換　　59, 77
離散システム　　41
離散フーリエ変換　　32, 33, 37
利　得　　69
リフタ　　66
リミットサイクル　　107
量子化　　3
量子化誤差　　4
累積確率分布　　8
累積寄与率　　139
レビンソン‐ダービンのアルゴリズム　　51
連続ウェーブレット変換　　59, 61
連続スペクトル　　28, 31
ロジスティックモデル　　103, 105
ローパスフィルタ　　68
ローレンツモデル　　104

#### 著者略歴
**馬杉　正男（ますぎ・まさお）**
- 1987 年 3 月　慶應義塾大学理工学部電気工学科卒業
- 1989 年 3 月　慶應義塾大学大学院修士課程修了
- 1989 年 4 月　日本電信電話(株)入社
- 1994 年 3 月　工学博士
- 2010 年 4 月　立命館大学理工学部教授
- 　　　　　　　現在に至る

編集担当　富井　晃(森北出版)
編集責任　石田昇司(森北出版)
組　　版　ウルス
印　　刷　ワコープラネット
製　　本　ブックアート

---

信号解析　信号処理とデータ分析の基礎　　　　© 馬杉正男　2013

2013 年 4 月 12 日　第 1 版第 1 刷発行　　　【本書の無断転載を禁ず】
2022 年 8 月 8 日　第 1 版第 5 刷発行

著　者　馬杉正男
発行者　森北博巳
発行所　森北出版株式会社
　　　　東京都千代田区富士見 1-4-11（〒102-0071）
　　　　電話 03-3265-8341 ／ FAX 03-3264-8709
　　　　https://www.morikita.co.jp/
　　　　日本書籍出版協会・自然科学書協会　会員
　　　　JCOPY ＜(一社)出版者著作権管理機構　委託出版物＞

落丁・乱丁本はお取替えいたします．
Printed in Japan／ISBN978-4-627-78631-8

# MEMO